建筑师的家

建築家が建てた妻と娘のしあわせな家

[日]田中元子 著
[日]野寺治孝——摄影
陈浩／庄东帆——译

中国建筑工业出版社

序

在我社一直从事日文版图书引进出版工作的刘文昕编辑，十余年来与日本出版界和建筑界频繁交往，积累了不少人脉，手头也慢慢攒了些日本多家出版社出版的好书。因此，想确定一个框架，出版一套看起来少点儿陈腐气、多点儿新意的丛书，再三找我商议。感铭于他的执着和尚存的理想，于是答应帮忙，组织了几个爱书的学者、建筑师，借助他们的学识和眼光，一来讨论选书的原则，二来与平面设计师一道，确定适合这套图书的整体设计风格。

这套丛书的作者可谓形形色色，但都是博识渊深、敏瞻睿哲的大家。既有20世纪80年代因《街道的美学》、《外部空间设计》两部名著，为中国建筑界所熟知的芦原义信，又有著名建筑史家铃木博之、建筑批评家布野修司，当然，还有一批早已在建筑世界扬名立万的建筑师：内藤广、原广司、山本理显、安藤忠雄……

这些日文著作的文本内容，大多笔调轻松，文字畅达，普通人读来，也毫无违碍之感，脱去了专业书籍一贯高深莫测的精英色彩。建筑既然与每一个人的日常生活息息相关，那么，用平实的语言，去解读城市、建筑，阐释自己的建筑观，让普通人感受建筑的空间之美、形式之美，进而构筑、设计美的生活，这应该是建筑师、理论家的一种社会责任吧。

回想起来，我们对于日本建筑，其实并不陌生， 在20世纪80、90年代，通过杂志、书籍等媒介的译介流布，早已耳熟能详了。不过，那时的我们，似乎又仅限于对作品的关注。可是，如果对作品背后人的了解付之阙如，那样的了解总归失之粗浅。有鉴于此，这套丛书，我们尽可能选入一些有关建筑师成长经历的著作，不仅仅是励志，更在于告诉读者，尤其是青年学生，建筑师这个职业，需要具备怎样的素养，才能最终达成自己的理想。

羊年春节，外出旅游腰缠万贯的中国游客在日本疯狂抢购，竟然导致马桶盖一类的普通商品断了货，着实让日本商家莫名惊诧了一番。这则新闻，转至国内，迅速占据了各大网站的头条，一时成了人们茶余饭后的谈资。虽然中国游客青睐的日本制造，国内市场并不短缺，质量也不见得那么不堪，但是，对于告别了物质匮乏，进入丰饶时代不久的部分国人来说，对好用、好看，即好设计的渴望，已成为选择商品的重要砝码。

这样的现象，值得深思。在日本制造的背后，如果没有一个强大的设计文化和设计思维所引领的制造业系统，很难设想，可以生产出与欧美相比也不遑多让的优秀产品。

建筑亦如是。为何日本现代建筑呈现出独特的性格，为何日本建筑师屡获普利茨克奖？日本建筑师如何思考传统与现代，又如何从日常生活中获得对建筑本质的认知？这套丛书将努力收入解码建筑师设计思维、剖析作品背后文化和美学因素的那些著作，因为，我们觉得，知其然，更当知其所以然！

黄居正

2015年5月

前言

本书的素材主要取自于《主妇》杂志（文化出版局出版）所连载的“夫人和子女眼中建筑师们所设计的实验住宅”专栏中的内容，该专栏自2009年3月开始进行连载，真壁智治先生是该专栏的主要策划者。建筑师们通过其所设计的建筑作品来展示自己的建筑思想。但是在这本杂志的这个专栏中，这些著名的建筑师们仅仅是充当了配角的角色，而出现在专栏中的不同主人公则是这些建筑师们的夫人或者女儿，她们并不是从专业的角度出发，而是通过其自身的生活体验，给读者展示了作为居住者对建筑师们所设计的住宅建筑发自内心的一种真实感受。

对于建筑师们而言，设计建筑作品是件非常不容易的事情，因为其所设计出来的建筑作品很难得到各方人士的一致认同。在本书中，建筑师们将人们对建筑作品的第一印象放在并不重要的位置上。人们对建筑作品的第一印象往往是和人们的情绪变化和认知感受紧密相关的，人们对建筑作品所产生的喜欢、嫌弃、可爱、直率等不同印象，也会随着人们的情绪变化而发生改变。本书给读者介绍的各个住宅建筑的案例和出现的不同主人公们，随着各家主人公的娓娓道来，也为广大读者拓展了自由想象的空间。

不论什么样的建筑都是蕴含着建筑师们的设计思想，或许您可能并不能真正体会到建筑师们的良苦用心，但是在某一瞬间您或许却能感受到建筑师们所要表达的喻义。本书所采纳的各个家庭住宅建筑案例，也是试图让更多的读者去体会每一个建筑的真正内涵，从而进一步能理解并感悟该住宅建筑。

目录

*书中内容、照片，均为取材之时的状况（2009年4月—2011年12月），现状因家庭构成、改建等，有可能有所变动。

从私人府邸体验大师的建筑情怀

* 固定在墙壁上可以折叠的餐桌，旁边是镶嵌在墙壁内的小挂钟

我之家——清家清先生的府邸

清家清先生不同于其他的成功人士，由于他经常以建筑学家的身份同时又以茶道大师的形象出现在电视屏幕上，因而清家清先生很快就成为电视观众所熟知的建筑大师。

清家清先生所设计的“我之家”这座私人府邸，充分展现了各种具有实验性的建筑要素。例如，通向厨房大门的建筑屋檐设计，采用了类似车厢箱体的造型。清家先生的长女清家百合女士认为：“最初的设计是让孩子们可以游玩的城堡建筑，院子里铺满了砂子，可以具有较好的排水功能；而现在这座院子变成了小猫们排泄的场所，并成为落叶堆积的场地。”这座住宅建筑上安装了可借助滑轮开启的玻璃大门。“有一天妈妈开启玻璃门的时候，不小心用钢丝把玻璃门给划坏了，所以现在的玻璃门是经过维修的。”通过作者本人多次的采访发现，这座建筑不仅是创新性建筑设计的试验场，而且还是男士隐居的理想之所。

一个带有无门洗手间的50m²大小的空间内，众多的员工和设计者经常在此出入。在桌边工作的父亲还不时地邀请孩子们的朋友到此游玩，有时甚至一直玩耍到晚上，结果孩子们就都睡在了一起。清家百合女士所描绘的孩提时生活和工作的场景形象地展现在读者面前，这也是不得已而为之的一种生活和工作方式。在这样狭小的空间内汇集着各种各样的

* 从庭院里看到的建筑物外观。最初的这座建筑只是一栋平房建筑，后期又在其上方加盖了库房和周转房

人士，各种思想也交汇在一起。清家百合女士在小的时候也为自己的家里出现这样的场景而感到十分不解，并且经常地提出意见问自己的父亲这样做究竟是为了什么？“那个时候我还太小了，十分不太理解父亲，只是感到他的工作实在是太忙了，每天都在不停地进行着各种设计。”由于父亲留给百合女士的印象就是不停地画图，因此清家百合女士从小就一直认为“建筑师的工作就是画图”。清家百合女士从小受到母亲很大的影响，她认为“虽然良好的父女关系对孩子的成长会产生积极的作用，但是母亲的影响也不可小觑。在我们这样的家庭中如果没有母亲，其结果是难以想象的。换句话说，母亲在我们的家庭中发挥着重要的调节和稳定的作用”。

家里的地面用石材铺设，并且石材地面一直铺设到了院子里。如图所示，面向院落的一面设置了玻璃门，而且玄关的地面全部用大理石材铺设。清家先生巧妙地选用不同形状的石材作为地面的铺设面材，而玄关处则选用了大理石材料进行铺设。每年都会有一次将“我之家”建筑中的家具全部移放到庭院里的活动，每当这个时候全家人都会光着脚进出房间和庭院，踩在地面上所发出的“咯吱”、“咯吱”的声音不绝于耳，最后再“哗啦”、“哗啦”地用水冲刷地面，将地面全部清洗干净。“这时候也是孩子们最高兴的时候，孩子们为了能看到自己所中意的石材形状会不停地研磨石头，盼望着用水冲洗之后能有奇迹的景象出

*［上］从室内可以看到外面的院落，屋檐之下过去是孩子们尽情玩耍的场所
*［下左］八木（原姓：清家）百合女士
*［下右］玻璃门外是进出换鞋的玄关，这里的地面是用大理石石材铺设的

现。”百合女士至今还能清晰地回忆起当年夏天全家人在一起用水冲洗地面的快乐场景。

为了继承清家先生的遗愿，后来成立了建筑事务所，并将这里改建成为工作室，妻子、孩子、朋友及客人成为这里的主人。室内和庭院构成了一个整体，成为延续平淡生活的立体空间。完全可以想象得到这座住宅建筑从竣工开始，就成为对外人开放的空间环境。这就是清家先生所要表达的“我之家”的真正内涵，其不仅是要成为家人生活的私人空间，而且也是面向更多人的“大我之家”。这座建筑避免采用箱式结构的设计，尽可能地采用宽敞舒适的建筑要素。这是体现了“大我之家”既能接纳各方人士，也尽可能地包容他们的各种行为方式，而不是采用传统的“家庭”建筑中相对独立的空间造型，从此也可以彰显出作为一家之主的父亲所拥有的宽广胸怀。

［我之家］ 设计／清家清

1954年竣工，该住宅为钢筋混凝土结构，是地上1层、地下1层的建筑。采用了当时常见的木质门窗构造。在只有5m×10m约15坪的地面上，设置了厨房、卫生间等功能空间并摆放了各种家具，全家6口人生活在一起。门帘将房间分隔成不同的功能区，安装的滑轮可以使榻榻米的地面形成不同的组合，以满足不同的功能需求。这座住宅建筑的地皮原来是清家先生的父母居住的内院，在这座建筑的旁边后来又陆续建造了由清家先生所设计的“续我之家（1970年）”、“倅之家（1989年）”等建筑作品。

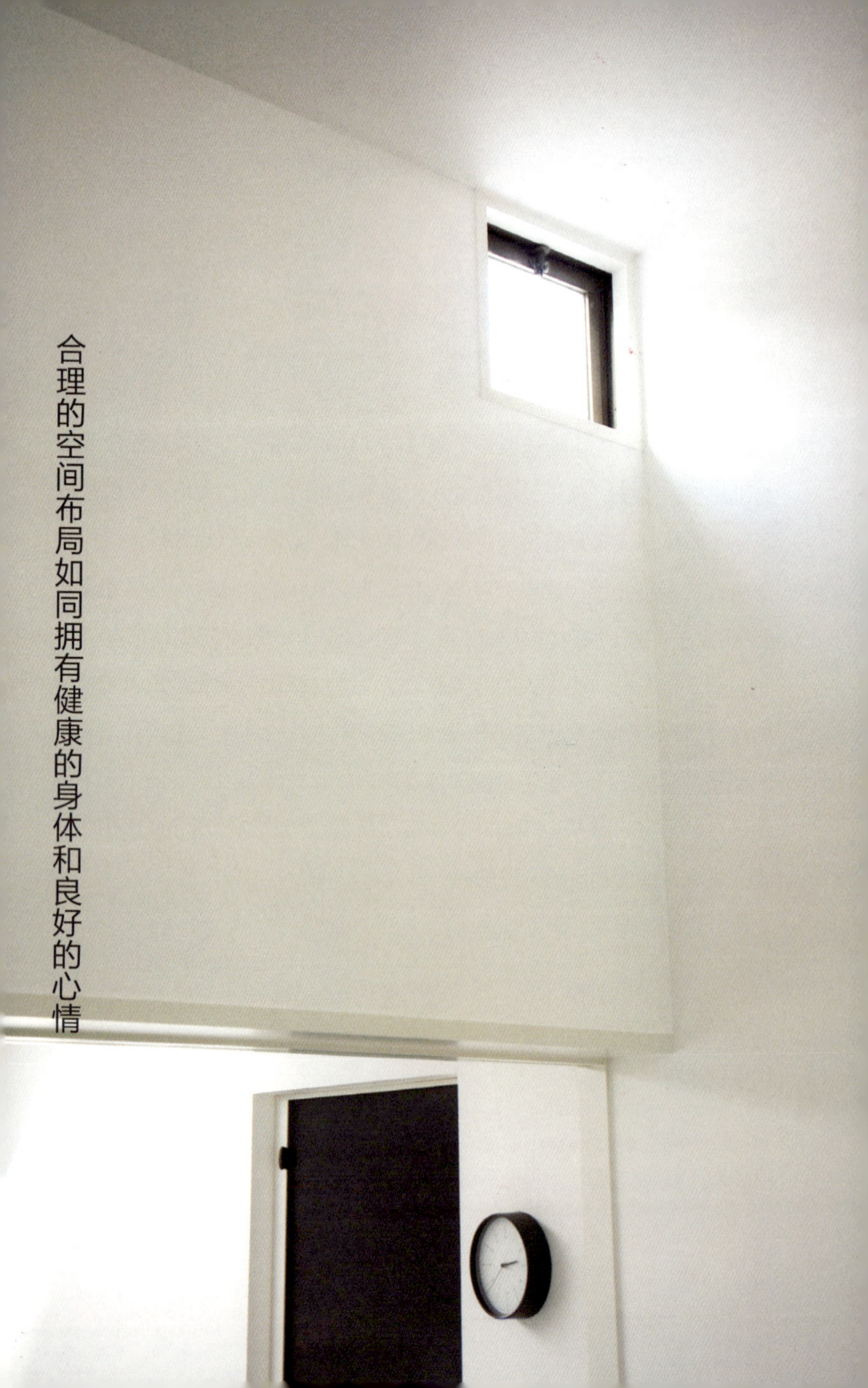

合理的空间布局如同拥有健康的身体和良好的心情

*［下页上・下］有两层之高的客厅，其地面距顶棚的高度为3.6m，构成了十分高耸的空间格局。墙面上镶嵌了大开口的窗户，其下面设置了可供人们自由进出房间的大门

私宅——桢文彦先生的府邸

桢文彦先生是从20世纪50年代开始就在海外工作并执掌教鞭的著名建筑大师，从其回国之日起，时至今日他已经获得了无数个国内外的各类建筑设计的奖项，是当今代表日本建筑设计最高水准的著名建筑大师之一。他的府邸位于JR（即：日本铁道）山手线五反田车站的旁边一座被称为“池田山”的小山丘上。沿着小巷的坡道向上行进，便逐渐远离了喧闹的车站广场，映入眼帘的是一片幽静的住宅小区。桢文彦先生的府邸就建在这片曲径通幽、闹中取静的小区中。

这座由直线等简单要素构成的府邸住宅，其建筑设计非同寻常，桢先生并不是单纯地将建筑看成是单一的建筑个体，而是将人和物、光和影等不同要素统筹进行考虑，展现了空间布局合理的设计思想。虽然这座府邸实际纵深有限，但是却让人能感到其具有很强的立体感。桢先生巧妙地借用物体的不透明性和透明性，使人产生了视觉上的差异，从而感到建筑空间的延伸性。读者从这座府邸的建筑设计中，可以领略到桢先生所设计的建筑作品展现出来的独特魅力。他的夫人桢操女士笑着说“我们每天都围绕着他的建筑设计作品，进行参观学习”，她一面说着，一面领着我们开始了“桢家府邸的浏览参观”活动。

当您逐一步入进玄关、楼梯、客厅之后，室内的场景宛如电影和音乐

剧的场景画面一样渐次地展现在您的面前，使您不由自主地感受到建筑大师独具匠心的设计思想。无论您身处这座住宅建筑的任何一个位置，您都会发自肺腑地赞叹独特的装饰设计和巧妙的光影布局，以及其所形成的别具一格的质朴设计风格。装饰在厨房、卫生间上方的顶灯，和明亮的内部空间构成了一体化的风貌。随着时间的流逝，这座明亮质朴的住宅建筑，依然能让人产生流连忘返的感觉。在各种规章制度框架的限制中，建筑大师依旧能从其所设计的建筑作品中为我们展示出他与众不同的才华及高超的技艺。

桢操女士告诉我们“30年前当她第一次看到如此明亮的内部装饰时，误认为来到美术馆或者是到了医院。现在也是才知道当初是桢先生再三委托施工方一定要将屋内装饰得明亮透彻，所以施工方就将其作为装饰施工的第一要务。”桢操女士早年曾有在美国学习儿童心理学的经历，因而她能够接受深受美国思想和文化影响的桢文彦先生所设计的建筑作品。桢操女士在结婚之后便辞去了工作，专心致志地担当家庭主妇，对家庭的管理也颇具职业的意识和风范。桢操女士平时做事情黑就是黑，白就是白。这座住宅建筑在竣工30多年后的今天，整个建筑空间依然如同刚刚洗过并熨烫的衬衫一样，保持着挺括和洁净。整座住宅建筑在建成之后并没有进行过任何改造，也没有进行过相应的扩建。其建筑材料依然保持当年的原貌，只是几年前将墙壁进行了重新的涂饰。镀铬的照

*［上左］从楼梯间可以看到位于二层的厨房。移动的阳光透过采光窗照射进室内。右侧是厨房，再往里则是带有洗浴设施的卫生间

*［上右］进入玄关。楼梯间旁有白色的装饰架，其巧妙地将连接一层和二层的楼梯间与主体建筑分隔开来。这是一座供几代人居住的住宅建筑，一层是桢先生的母亲主要活动的空间

*［下左］桢操女士　*［下右］住宅建筑的外观

明灯具依然熠熠闪光，丝毫看不到任何氧化的痕迹。桢操女士轻松而笑着说："就是现在把这座住宅转让出去，应该也是非常受欢迎的。"桢操女士的谈话中透露出，桢文彦先生的朋友、学生、合作方等很多人士都到访过此处，对这座住宅建筑依然能保持这样完好的风貌而啧啧称奇。该建筑是凝缩了桢文彦先生建筑思想的精华，它倾注了桢先生的关切和希望，体现了桢文彦先生一脉的建筑设计思想。桢操女士用令人吃惊的表情说道："你们有没有发现这座住宅中所存在的问题吗？"然后她解释道："实际上两个人在这里生活，实在是过于宽敞了。作为一个住宅建筑而言，只要拥有最基本的设施就可以了。"从桢操女士爽朗的表情中可以看到，她对这座住宅建筑的未来充满着自信。严谨的人士居住在严谨的建筑中，在日复一日的生活过程中，"家"也在不断地建设成长。人们可以从"家"的住宅建筑中，看到其主人对生活的态度。

［私宅］　设计／桢文彦

1978年竣工，为地上2层、地下1层的住宅，属于钢结构的建筑。桢文彦夫妇从20世纪50年代开始筹划建设属于自家的住宅，这座建筑也是桢综合计划事务所成立后完成的最早的住宅设计作品。由于原来地块上的旧建筑让人感到十分灰暗，因此新的住宅方案就将明亮作为空间设计的主题。建筑师将几代人共同居住作为住宅设计的目标，一层是桢先生母亲生活的场所，二层是桢先生一家活动的空间。整座住宅建筑的占地面积并不大，其南北进深为22m，东西宽度为15m。为了提高住宅整体的采光效果并方便人们的各种行动，这座建筑采用了无柱梁的壁式构造。人们从这座住宅建筑的各个细微之处也可以看到其所凝聚的建筑大师的细致和用心。

魂牵梦萦的地方

* 从室外看到的空中住宅

空中住宅——菊竹清训先生的府邸

“空中住宅”是战后日本首屈一指的住宅建筑设计作品，很多专业人士都以敬畏和尊敬的心态来看待这座建筑，并认为其反映了人们对美好生活的憧憬。这座建筑在竣工之初不仅以崭新的造型出现在人们的视野之中，而且这座具有划时代意义的住宅设计当年曾经在业内产生了极大的震动，时至今日人们也还是很难读懂这座建筑的真正内涵。这座建筑是由四根混凝土立柱所支撑的一体化空间住宅，从竣工之初所保留的黑白照片中可以看到，这座住宅就如同要塞城堡一般。可是当您实地到访的时候，原本留给您的最初印象会在一瞬间就变得灰飞云散了。当您看到这座具有超凡魅力的住宅建筑时，沁入您心灵的是交织在一起的多种复杂情感。它不仅表现出一种威严的姿态，而且给人以强烈的视觉冲击，让人心跳加速，并不由得会略感一丝紧张。您可以从这座以混凝土构成的现代住宅中找到日本传统木结构建筑的影子，整座住宅能让人感到其脱胎于日本的传统建筑。和“空中住宅”同年诞生的菊竹清训先生的长女菊竹雪女士微笑地告诉作者：“当年全家人谁也没有想到能长时间地居住在这里。”

“空中住宅”在竣工之初，只是一个像飘浮在空中边长为10m的住宅建筑，随着孩子的成长和生活状态逐渐发生变化，为了增加生活的空间

* [上] 位于二层的空中住宅的内部空间。其整体采用了一体化的空间结构，内部摆放着多为菊竹清训先生所设计的家具，壁面装饰的面板图案则为菊竹清训先生所设计的海上城市的模型照片
* [下] 位于一层的玄关。进入玄关之后，其正面是装饰镜，从镜子中可以看到格子门和内侧的庭院。玻璃墙壁内是改建的居住空间，其原来是一层的穿堂。打开玻璃门之后，就可以看到螺旋式的楼梯。沿右手方向前行，是通往上层的楼梯

就对一层进行了扩建改造。最初的“空中住宅”中孩子们的房间也好似悬吊在半空中一样。“空中住宅”的设计思想也正是遵循菊竹先生为代表的新陈代谢流派所倡导的“新陈代谢”设计理论，前期的设计要为后期的发展预留下相应的空间。随着孩子们的出生和逐渐长大，菊竹先生设想再扩建悬吊式的其他房间供孩子们使用。但是在多次询问工匠师傅至后，得知在实际施工的时候，这样的设计还会面临着诸多的难题。“实际上父亲也将这座住宅当成是实验性的场所，在得知原先的设想会面临着各种施工难题之后，父亲又提出方案将一层的穿堂立柱用玻璃分隔成不同的空间，改建成类似阳光屋的乐园，并借用庭院给每个孩子建造相对独立的房间。”“空中住宅”作为特别的生活场所，从当年正月这个特殊的日子开始，就迎来了入住的客人。“空中住宅”后来逐渐成为公众关注的目标，这也是因为它是和其他普通住宅实在是太不相同了。“在经过空间环境的实际生活之后，母亲的影响力变得越来越大，并且对‘空中之家’的生活舒适性也具有了特别的话语权。”“空中住宅”是菊竹清训先生30岁时作为一位年轻建筑师的代表性成名设计作品，尽管后期也进行过改建和扩建，但是“空中住宅”的母体结构和造型并没有发生根本性的改变，而现在菊竹先生的一家依然生活在这里，依旧一如既往地守护着这座具有特殊象征意义的住宅建筑。正如菊竹清训先生所言的那样：“这里就是我一生牵挂的地方，‘空中住宅’是我

* [上] “空中住宅”的四周为独一无二的门窗设计，开启百叶门窗可以调节室内光线的强弱
* [中左] 环绕二层四周的走廊，打开百叶窗就会感到外面生机勃勃的世界
* [中右] 玄关通向外面的大门
* [下左] 左侧为菊竹阳子女士，右侧为菊竹雪女士（日本首都大学教授，知名的平面设计师）
* [下右] “空中住宅”的外观。可以看到混凝土的支撑立柱和位于二层的百叶窗

魂牵梦萦的场所，就如同我的故乡一样。”

大约在十年前，菊竹先生的长子菊竹三训先生一家搬到此地生活。菊竹三训的妻子菊竹阳子女士每天整理着“空中住宅”的各个房间，不时开启四周的百叶门窗实现屋内和室外空气的对流。平时光顾“空中住宅”的另一位成员就是菊竹阳子的儿子，作为小学生的他对“空中住宅”是流连忘返。实际上全家人都对这座住宅留有良好的印象，人们一步入进来就会感到心情得以松弛，一切的烦恼全部烟消云散，就连空气也变得格外清新。伴随着每天的日出日落，站在“空中住宅”的围廊上，耳边时而传来远处街区的喧闹声，柔和的轻风拂面而来，木制百叶窗散发的清香沁人肺腑，一切让人感到安逸和舒心。这一瞬间让人倾心忘怀。

* [空中住宅] 设计 / 菊竹清训

1958年竣工，为地上2层的建筑，属于钢筋混凝土结构（竣工之时）。占地面积为247㎡，建筑面积为98㎡。混凝土立柱支撑着边长为10m的主体空间，主体结构遵循着『新陈代谢流派（为城市和建筑未来预留下必要的发展空间）』设计思想。厨房、洗浴间悬吊在主体结构的下方，并又扩建了孩子们的居住房间。现在是菊竹清训先生的长子全家在此生活。

建在大城市中的长方形家庭住宅

* 这是从地下一层贯穿到地上五层的楼梯

塔之家——东孝光先生的府邸

位于东京青山的外苑西街（也称“迷人大道”）一带的高级住宅区，矗立着一座混凝土制的塔状造型建筑。这就是东孝光先生的府邸“塔之家”。它不仅被看成是在东京都也是在全日本最有名的一座实验性住宅建筑。凡是学习建筑学专业的学生和相关专业人士，仅从这座住宅建筑的外观就对东孝光先生的创意佩服得五体投地，并将其视为“现代住宅的胜地”。就连过往的行人侧目看到这座建筑时，也会误将其当成时尚的咖啡屋或时装店一类的建筑。虽然其占地面积只有6.2坪（约20.5㎡），实在让人难以想象其作为住宅建筑可能具有的风貌。人们不由得会从心底里发出疑问，在这样的居住环境中人们是怎样生活的呢？而东先生一家人的回答是“和普通人家完全一样呗。”

自己认为“塔之家”不过是“普通”的住宅，实际上也是受城市生活的条件的限制不得已而为之的产物。东先生每天在东京工作，而目前已经再也找不到比东京地价再高的城市了。后来东先生在青山一带发现了一块异形的三角地块，并购买了其中一半的地皮，在此基础上开始进行规划设计。在此之前东先生考虑到和左邻右舍的关系，经多方协商同时又要照顾到各方的利益，因此在被逼无奈之下设计出来的了“塔之家”造型的住宅建筑。

* 透过楼梯可以看到客厅和长椅。根据内部的空间格局设计出与之相配的家具。可以看到在楼梯上网踏面上铺着由东节子女士精心制作的蓝色铺垫

由于这座建筑的占地面积实在是太小了，因而全家人生活在长方形箱式住宅当中。“塔之家”为地上5层、地下1层的结构布局，每一层被分成了一个房间。打开玄关的大门，映入眼帘的左边是厨房，而对面是客厅兼餐厅，旁边是供人们上下楼的十分狭窄的楼梯。就是在这样狭小的空间内，妻子东节子女士每天在此做饭、整理房间，操持着全家的家务并进行各种劳作，每天迎接着全家人回到这温馨的“公寓式”的住宅中。沿着楼梯逐层上去，上面分别是洗浴间和卫生间，再往上是夫妇二人的卧室，最上方是孩子的房间。他们唯一的女儿东利惠女士从小学一年级开始到赴美留学之前，也一直生活在这里。这里留给她太多的回忆和感慨，“这里从小就是我的家，它一直陪伴着我成长，是我思念和牵挂的地方。”她说“我待在房间里的时候，就可以闻到饭菜的味道，也可以听到父母和客人谈话的声音。当自己感到十分烦躁的时候，只要向下嚷嚷一声‘太吵了’，家人马上就会将说话的声音降低。那个时候我特别羡慕能有自己独立空间的住宅建筑，并不喜欢全家人采用这样的沟通方式，相互之间没有任何的距离感。”在这样的生活环境中，东先生一家巧妙地将这座住宅建筑所存在狭窄、狭小、无私密的缺陷逐渐转化成特色和优势，使这座建筑不仅没成为“问题之作”，反而成为一件颇具特色的住宅“名作”。无论是谁当看到这样的住宅建筑时，都不由得会产生一探究竟的愿望，这也是该住宅建筑吸引人的成功所在。

*［上左］厨房内大理石的操作台面和镶嵌着不锈钢的洗涤槽，厨房正对着玄关

*［上右］最上面是利惠女士的房间，右侧是阳台。楼层的厚度只有10cm，可以直接看到卧室全貌

*［下左］东利惠女士

*［下右］“塔之家”的外观，其位于迷人大道的旁边

身处“塔之家”的内部，就可以看到周边街区的景观。东先生的全家在这里既可以感受激进的学生运动，也能聆听“闪电族”发出的喧嚣，还能看到街区正在兴建的各类建筑。总之整个街区的变迁，一切均可以尽收眼底。全家人可以从住宅内部观察到外面世界的变化，全家人的生活和外部世界的连接是如此紧密。利惠女士回忆当初的情景时说“其实当时在家里时，家庭成员之间有时也会发生争吵，但是为了使自己的头脑冷静下来，当事人就会走到外面的街区上去。”“塔之家”的旁边就有咖啡馆、澡堂、公园、美术馆，在那里还可以和朋友会面。整个城市都是“塔之家”的庭院。

现在居住在这里的是作为建筑师的利惠女士，她主持着孝光先生工作室的各项工作。利惠女士所设计的建筑也像蒲公英的花瓣那样随风飘到不同的城市，诠释着“塔之家”的设计精髓。这种既体现普通住宅的基本要素又让家人引以自豪的设计理念，对未来人们的家庭生活也具有特殊的启迪作用。

*［塔之家］　设计／东光孝

在奥林匹克热潮逐渐消退的1966年，这座建筑出现在外苑西街的旁边。该住宅占地面积约20㎡，其建筑面积约65㎡，为地上5层、地下1层的钢筋混凝土结构建筑。在这座位于城市中心区域的超小型住宅建筑中，各个房间之间并没有墙壁和门，全家没有任何私密的空间。以至于这座建筑在竣工之后，人们就对其家庭和住宅的形象产生了各种的争议。在《“塔之家”的白皮书》（居住图书馆出版局出版）一书中对此有详细地描述。

如同道具一般的生活之家

* 涂饰过多次的一层白色砖墙。由于涂刷的次数过多，因而能感觉到涂层已经达到了相当的厚度

鸡窝——吉田研介先生的府邸

“鸡窝”用英语表达即为“Chicken House”，吉田研介先生在这里用其来描述自家的府邸是具有谦逊的意思，可以理解为“寒舍”。吉田研介先生曾经在很多杂志和著作中介绍过自己府邸的设计方案，并且一直强调他是以“谦逊的建筑”作为设计的主题，这也和吉田先生一贯的处事行为是一脉相承的。

正如从字面解读的那样，这座住宅建筑全部采用普通的建筑材料，屋顶采用当时加油站和仓库常见的波形铁板材料，而外壁的墙体则选用工厂常用的防火石棉材料。可以说这座住宅建筑全部选用低成本的工业制品作为建筑材料。在吉田先生最初制定的预算方案也是尽可能地避免出现各种不必要的支出，因此在这座住宅建筑中您丝毫找不到任何奢华的建筑材料。

尽管这座没有采用任何奢华材料建成的住宅建筑，已经名声在外并且被作为经典的住宅案例，但是它并不能让作为建筑家的吉田先生感到自豪。由于该建筑竣工的时期是20世纪70年代，所以也是年轻的建筑师们以住宅设计为主题创作其代表性作品的时代。而正处于这一设计高潮中的吉田先生睿智地以“鸡窝”命名自己所设计的住宅建筑，这也不是用另一种方式在表明自己的设计理念吗？尽管从竣工至今已经有34年

* [上] 客厅，高4m，宽2.5m，让人产生温馨的感觉。沿着楼梯上到二层是电脑室，再往里走是主人的卧室
* [下左] 纪子女士的卧室
* [下右] 厨房，6年前进行了重新改建，由纪子女士设计。为了便于使用，房间的高度和宽度重新进行了计算，其宛如宇宙飞船的后舱一样吸引客人的目光

了，但是这座住宅建筑依然以其独特的设计空间时常让人啧啧称奇。这座住宅建筑即使在过去的那个年代也被看成是经典的设计作品，就是时至今日还可以被看成是具有现代主义风格的典型案例。虽然这座建筑已经历经数年，但是就是在今天看来也可以依然评价其为“优秀的建筑作品”。尽管这座“鸡窝”住宅建筑全部采用低成本的建筑材料，但是历经多年的沧桑该建筑依然保持着其原有的风貌。勒·柯布西耶曾经说过：“住宅只不过是居住的机械而已。”柯布西耶的观点和这座住宅“居住的道具”的设计思想不尽相同。正如刀剑需要不停地研磨、车轮要不停地润滑一样，吉田夫妇也不停地对“鸡窝”进行整修。研介先生经常进行砖墙的涂饰和勾缝，纪子女士则“十分乐于收拾房间”。整座住宅建筑的外观十分整洁，正是由于全家人已经习惯于将该建筑作为经常进行整理的道具，才使得吉田夫妇可以在“鸡窝”住宅中进行安逸而轻松的生活。

纪子女士作为建筑师同时也是研介先生的合作者共同完成了这座住宅的设计方案，她认为“这座建筑由于尽可能采用低成本的建筑材料，因而需要后期不断地进行维护和保养，对于一个家庭住宅建筑而言应该感觉是不太方便了。”在“鸡窝”住宅竣工数年之后，吉田先生创立了自己的设计事务所。纪子女士从1975年该住宅竣工之后，每天其实也并不十分轻松，因为她不同于一般的家庭主妇，反而承担着多重的责任。纪

* [上] 住宅南侧的外貌。现在的外墙经过改建已经采用了防火的建筑材料，给人留下独特的材料质朴感
* [下左] 吉田纪子女士
* [中右] 从里至外进行装饰的圆窗
* [下右] 墙壁采用工厂常用的防火石棉材料

子女士说："我不仅自己要工作，而且还要负责准备大家的午饭，同时又要每天接送女儿，而当初吉田的父母亲和我们生活在一起，就住在这座住宅的三层。"纪子女士一直认为"为了让更多的人了解吉田先生的作品，自己吃再多的苦心里也是高兴的。"正是具有和建筑家一样的坚忍不拔的精神，在这样的一个空间内吉田先生才创作出那些具有影响力的创意方案。"鸡窝"住宅方案对于吉田先生一家而言并不是一个单纯的工程项目设计，而是将工作和家庭融为一体的住宅建筑方案设计。

从那时起，在这座住宅中夫妇二人就设计了各自的卧室，并形成了与众不同的设计风格。"这样可以使每个人都有自己相互独立的私密空间，可以轻松而专心致志地做自己想做的事情。"夫妇二人观点一致并达成共识，同意采用普通的建筑材料建造具有超前意识的住宅建筑。在当时那个时代，这座住宅建筑和这个家庭及他们夫妇二人一样，被理所应当地看成是具有相当的自由主义的色彩。而这座住宅建筑也被人们认为不愧是"谦逊之家"。

* [鸡窝] 设计／吉田研介
1975年竣工，该住宅为木结构（一部分为钢结构）的3层建筑。整个建筑全部采用普通低成本的工业制品作为建筑材料，而实际的工程设计也采用了低成本的设计模式，并应用普通的施工技术。后来选用普通的材料和简洁的设计方法成为吉田先生设计的主题思想。到现在为止，已经有很多的项目方和材料供应商都认真考察过这座住宅建筑，该建筑在方案设计之初是以建造几代人共同生活在一起的住宅为目标，该住宅建筑的一层和二层是吉田先生全家3口人生活的空间，而三层则是吉田父母生活的场所。现在只是吉田夫妇二人在此居住和生活。

随着时代变迁而不断变化的家庭住宅

* 安装在庭院里树木上的鸟窝

新座之家——益子义弘先生的府邸

这座住宅建筑建在郊外的小山丘上。从城市的中心乘轻轨并欣赏沿途的景色约一个小时之后，就可以来到了这片并不出名的住宅小区。这片住宅小区位于小山丘之上，沿着道路前行，被密林包围着的各座住宅建筑让人不由得产生一丝阴冷的感觉。落叶覆盖在沥青的路面上，踩在这样柔软的路面上耳边不时传来“哗啦啦”的声音，整个空气中到处弥漫着冬日燃烧枝叶的气味。沿着这条道路步行一段距离，就可以进入到住宅小区的别墅区了。

益子先生夫妇二人在此居住到如今已经有38年之久了。令人吃惊的是对比竣工之时的住宅照片和现在并没有发生很大的变化，只是原先寸草不生的这片小山丘，如今已经是绿树成荫了。“当年这里连最基础的设施也没有，更不要谈进行基本的生活了。那时候不仅没有电线而且还没有接入自来水等管道，一切需要我们自己进行设计安装。就连电话线也是我们亲自动手布线并申请入网的。”当年两位在城市成长起来的年轻人，从小以来就没有为生活所困。但是他们充满勇气接受挑战，为自己未来的生活进行筹划设计，为吃、穿、住、行规划着未来的蓝图。“我们结婚之后，遇到了各种难以想象的困难。尽管也曾不安和抱怨过，但是生活的大幕已经拉开，难道不应该勇敢地去面对现实吗？”益子夫妇

*［上］从客厅向餐厅望去
*［下］从客厅向外望去

二人均是建筑师，在这片什么设施都没有的地方，他们自己亲自动手规划设计，以他们自己的建筑行为开始创造未来的生活。

架设了电话线、栽植了树木、增添了家庭成员、扩建了住宅……人生就是在不断地呼唤新的生命。在生活继续的同时，在这片从来也没有人规划的裸露的土地上，夫妇二人播种下的植物，逐渐发芽并开始成长，由原来的树苗变成今日的参天大树。同时也衍生了其他的植物，并且成为各种动物的栖息场所，当今经常落在益子先生府邸院内树上的鸟类就已经达到了30多种。和客人坐在客厅里谈话的时候，就可以透过窗户看见外面的绣眼鸟等珍稀鸟群。不管是谁看到这样的景致，也会在无意之中悄悄降低谈话的音量。

如同箱型立方体一样的住宅建筑的基准边长为6m。由于住宅建筑建在没有遮挡的土地上，为了防范强风的袭扰，因此住宅立方体建筑在设计时好似削去了一部分，以增强房屋建筑的抗风性能。之所以将房屋建筑的基准边长确定为6m，是因为当年日本加工生产的标准木材的最长长度就是6m。益子先生夫妇以自己未来的生活为出发点进行规划设计，没有选用特别形状的建筑材料，而是选用利于多样组合的箱式设计结构。尽管事先规划设计得很好，但是在实际生活中还是感到原方案存在着不少缺陷。当时室内的家具全部从外面采购，并经过多次的尝试之后才最终确定饭厅的位置所在，类似的反复在其他地方也曾多次出现。“究竟在

*［上］从卧室的窗户向外眺望。"早上打开百叶窗，会能看到整个院落被朝阳笼罩。睡醒之后看到这样的景色，心情会感到特别的舒畅"

*［下左］落在院内树上的绣眼鸟

*［下右］从住宅建筑的外观。1979年竣工之时，周边连一棵树木都没有，现在已经看不到任何过去的痕迹了

什么地方做什么事情效果会更好呢？家中不同的居室只要有可能发生改变的地方，都进行过不同用途的尝试变革。唯一没有进行试验的地方只有这个水池了，其他地方的使用功能都有过不同的改变"，义弘先生以沉静而坚毅的声音回忆着当年的变化，谈话中略带有一丝检讨的语气，"从职业的角度出发，建筑师都应该巧妙地运用普通而低廉的建筑材料设计出令人满意的建筑作品来，让入住其中的客人感到舒心和安逸。"

当初您是无论如何也想象不到会成为今天这样的场景，这片原先荒野的土地，历经几十年的沧桑这里已经成为一片生机盎然的景象。在益子先生夫妇二人的坚忍不拔的努力之下，这里的树木生长茂盛，构成了一片宜居的生活环境。益子先生夫妇在入住之初，只是栽种了两棵榉树，后来又陆续栽种和培育了其他的植物。随着家庭不断的建设，周围的环境也在不断地发生改变。通过日积月累，我们看到这里的周边环境已经发生了奇迹般的变化，在这片小山丘上到处可以看到丰收的成果，并且像蒲公英一样随风飘落到新的地方，去孕育新的生机。

*［新座之家］　设计／益子义弘

1979年竣工，该住宅位于埼玉县新座市。当年益子义弘先生设计这栋住宅时刚刚满30岁，而他的夫人昭子女士也只有20来岁。当年这片土地上只有益子先生一家，而今已经变成了一片住宅小区。这也是益子先生以大众化作为自己的设计风格所创作的最早的本土化实践性设计作品。

厚积薄发开始新生活

* 大门。穿过绿荫覆盖的小道就可以到达永田先生的住宅。永田先生的庭院中的景观是由园林设计师田濑理夫先生设计的

下里之家——永田昌民先生的府邸

永田先生一家生活了近30年的住宅是永田先生在28岁的时候所设计的，当时的永田先生作为年轻的建筑师，也仅仅主持完成过两项工程的设计工作。从最初设计“下里之家”开始，永田先生在积累了170多项工程设计经验的基础上，直至2003年“下里之家”的住宅建筑才算最终全部建成。因此该建筑真正竣工到现在时间并不长，这座住宅工程凝聚着永田先生毕生的设计经验和心血。

永田先生全家一直使用自己所设计的家具。结婚之后也逐渐从商店购进了一些无商标的碗柜等，充实到餐厅里。虽然全家经过一段时间的积攒购入了十分喜爱的钢琴，但实际上弹奏钢琴的机会并不多。因此钢琴至今保存完好，仍能显示出其昔日的风貌。为了在餐厅中能同时摆放碗柜和钢琴，餐厅在设计时其长度和宽度进行了缜密的计算，并且仔细考虑了摆放在餐厅中餐桌的尺寸大小。传统的住宅是在房间的南侧设计有开口，但是永田先生却在这里设计了大屏幕的电视墙，并且很巧妙地将原来一体的餐厅和客厅分成了功能相对独立的区域，人身处客厅就能看到庭院中的景色。永田夫妇原来一直坚持不保存多余物品的生活习惯，但是在后来的设计中也设计了许多存放物品的空间。

和永田先生一家同时搬入新宅还有一样特别的物品，这就是永田先生

Sugar
Salt

* [上] 从厨房可以看到南面的客厅和餐厅，墙壁和顶棚的涂饰浑然成为一体，使得空间仿佛变得可以无限延伸
* [下] 看到的客厅和餐厅的全貌。整个房间的布局经过了缜密的计算和设计

原先所种植的植物。为了保证移栽的植物能够顺利栽活，永田先生就连原先家中院落里的45m²的表层土也一起搬到了新家的院子里。在历经了六年之后，全家人才从原先的住宅中全部搬到了这里居住，并且移栽的植物也在新家的院落中成活。现在站在新宅院落的树荫下伸展身躯，看到落在树枝上的小鸟和发芽的枝头，一切会感到身心愉悦而轻松。由原来院落移栽的植物和在此新种植的植物，两者之间构成了别样的绿色环境。

从大街到住宅建筑的门口有15m长的小道，小道的两边种植着齐腰高的植物，这些植物构成了绿色的走廊。在这条被命名为“5倍绿”走廊上，因为在齐腰高的植物上，还可以插入保水材料，并在上面种植花草，这些由绿色植物构成了立体化的绿色走廊。地上种植着茂密的植物，从大街到住宅门口的小道宛如成为由绿植构成的隧道。永田先生在搬家的同时还搬来原来院落表层的土，构成了“5倍绿”的生活环境，这种以植物作为环境的陪伴伙伴也不失为一种很好的创意。永田先生认为：“这一切都应该归功于我的夫人，一切都是由她亲自筹划、亲自运作、亲自动手的，所以才能创造出这样美妙的绿色环境”。永田先生的夫人佑子女士特别喜欢园艺艺术，并且曾经受邀到过专门的职业训练所进行授课，被大家看成是园艺的专家。佑子女士自己说：“我非常喜欢花店的环境，也希望将自己的家里收拾得和花店一样的整洁漂亮。”

*［上左］客厅和餐厅外面的平台 *［上右］卧室

*［下左］永田佑子女士

*［下右］永田昌民先生的工作室。昌民先生在接受作者本人采访的四年之后，即2013年他不幸因病去世。在接受采访的当日，永田昌民先生曾满面笑容的领着作者参观各个房间，当年的场景就仿佛刚刚发生的一样

除了院内的参天大树之外，家中的其他植物也都是由佑子女士亲自栽植的，并且她自己亲手动手进行剪枝和修整。“不论日本的还是外来的植物，我都是非常喜爱的。”

在经过多年的努力之后，永田先生终于完成了新住宅的建造工作，全家满怀激情将更多的时间和精力投入到新家园的建设当中，在新的家园中采用了最新的技术和设施，以期能丰富未来的新生活。“在搬家的时候将原来院子的表层土也一起搬来，也是为了不辜负原来所付出的劳动，另一个目的是为了还能看到原来所培育的植物，这样会使全家人的心情变得更好。”无论是谁在搬入新家开始新的生活时，都会对原来生活的场景感到难舍难离。从“下里之家”的案例中可以看到，原先的生活积累对未来的生活环境仍会产生很大的影响。

*［下里之家］ 设计／永田昌民

2003年竣工，该住宅占地面积为127㎡，建筑面积为85㎡，为木结构的二层建筑。该建筑位于东京都东久留米市。原先永田先生一家生活的“东久留米之家”是被常青藤覆盖的混凝土框架结构的住宅建筑，而现在的新住宅是安装了太阳能板的木结构建筑。由于该建筑所采用的板材基本设计尺寸为910mm，因而构成了独特的设计风格，使人感到实际的空间比该住宅的建筑面积要宽敞得多。

和您温馨地生活在一起

* 位于餐桌旁边的陈列柜，和摆放在陈列柜上的小物品

相模原的住宅——野泽正光先生的府邸

近年来一谈到环境问题，人们的脑海中马上就会出现生态、环保、节约、可持续发展等一系列的关键词语，而野泽正光先生早在1974年创立自己个人的事务所时，就将保护环境作为设计的主题，可以说野泽先生是日本建筑领域中将环境问题作为建筑设计的基本要素的第一人。在拜访野泽先生的府邸时，看到的是设计简洁且完全按照自己心愿设计的住宅。这和作者本人事先设想的情景是完全不一样的。

光从外观上让人难以想象这座住宅建筑能和建筑家的府邸联系在一起，整座住宅完全是极普通的外观，和周围住宅小区的其他住宅建筑没有特别的区别。这可能是野泽先生坚持环境原理主义的设计理念，认为建筑作品就是社会现实的反映，首先应当考虑的要素就是如何同周围的环境相融合。

当您进入到客厅之后，不由得就产生想在此休息一下并喝点水的念头。这里十分清静，是让人精神放松的好地方。但是身处这座住宅外面的人士是怎么也想不到其内部会有这样一个宽敞的空间，可以让人舒展身躯。不仅是客厅，就是这座建筑的其他地方仍有很多让人感到不可思议的设计。这座地上2层、地下1层的住宅建筑，让人到处都可以感到家的存在。这座建筑仿佛事先进行过模拟设计的一样，无论是从自然采光

* [上] 客厅，摆放着名家设计的座椅。用帆布装饰着顶棚，便于平时的维护和整理
* [下] 地下室，摆放着野泽先生和富士子女士工作用的写字台。夏日这里十分凉爽，而冬日则靠地热采暖

还是到细微之处都将环境作为设计的第一要素，正是因为建筑师时刻铭记着要诠释设计的主题，所以在这座建筑中无处不让人感到家的温馨。欲让居住在其中的人士心情舒畅，就必须认真对待各种相关环境性能指标。例如如何确定开关盒、电插座的位置，住宅的什么地方可以摆放绿植，如何根据人在住宅中行走的轨迹来决定主要空间的格局等。作为建筑师要将如何使全家人每天快乐的生活作为设计时最需要考虑的要素，正是基于这一点，在这座住宅建筑中，随处可以看到建筑师别具匠心的设计。“我个人认为建筑设计首先应该考虑的是实用性，很多看似时尚而新颖的设计我认为很多是华而不实的，难道这种华而不实的设计还有什么值得称赞的吗？”野泽先生的夫人富士子女士边笑边说着，并且将设计和建造这座住宅时所发生的各种趣事一一道来。

富士子女士从事会议的翻译工作，在工作最繁忙的时候，往往会超过三个月完全照顾不了家。“由于和野泽先生的工作性质完全不一样，因此对他的设计也提不出更多的意见。”平时夫妇二人很少谈论工作上的事情，设计这座住宅建筑也完全是由野泽先生个人做出各种决定。“平时我们很少谈论住宅设计的事情，不过他也征求过我的意见，问我厨房灶台的火眼有几个会更好。现在我回想一下，基本上全是由野泽本人全权决定的设计方案，我当初只是提出能有‘回家真好’的感觉，并希望将此作为设计的第一目标。”在这座住宅建成之前，一家三口人居住在

*［上左］可以看到小院，右侧的一层是客厅，左侧是连接玄关的走廊
*［上右］进入玄关后，是通往餐厅的走廊，右侧是小院
*［下左］野泽富士子女士
*［下右］从屋顶可以看到中院的全貌。院内种植着檀香树，形成了被檀香树环绕的住宅建筑

只有34㎡的一间公寓中，就是在这样小的房间里还放置着一架钢琴，全家人快乐地生活着。而现在的住宅和过去相比是发生了颠覆性的变化，“过去有过去地乐趣。不管生活在什么样的住宅里，不管是和谁一起生活，快乐是首先要考虑的因素。”

仅从“相模原的住宅”外观是难以想象其内部的空间格局，但是进入住宅内部一看，不由得会让人感慨不已。生活日复一日地进行，但是每家都有不同的生活哲理。“家”是人们表达自己真实情感的场所，不需要各种华而不实的设计。喜好音乐的富士子女士经常会在住宅的客厅中欣赏爵士乐的唱片，除此之外她还喜欢什么呢？“音乐家我最喜欢的是比尔·埃文斯，建筑家中我最喜欢的只有野泽正光啦，哈哈……”

*［相模原的住宅］　设计／野泽正光
1992年竣工，为地上2层、地下1层的住宅建筑，其建筑面积217㎡，属于钢结构和部分钢筋混凝土结构。现在仅是野泽先生夫妇二人在此生活，包括中院共有三个院落，院子里种植着各类赏心悦目的绿色植物。住宅建筑上还安装了太阳能系统，可以利用太阳能取暖和烧水。整座建筑十分注重环境保护，采用了混凝土砌块和钢格板等工业用建筑材料，住宅内的楼梯和窗框及室内的家具也遵循保护环境的设计理念，从其他细微之处的设计也可以看到建筑师所遵循的尊重环境的设计思想。

实现少年之梦想的家庭住宅

* 屋顶。现在上面栽植着蒲公英等各种花草，这些花草在主人的精心培育下自然地生长

蒲公英之家——藤森照信先生的府邸

藤森府邸的屋顶上盛开着蒲公英，这些蒲公英不是随风飘来的，而是本身就种植在住宅的屋顶之上。13年前作为建筑师的藤森照信先生为了将自家的府邸设计成为“蒲公英之家”，为收集蒲公英的种子而奔走四方。这座住宅在竣工之际，在房顶上开满了黄色的花瓣。但是在实际的管理过程中所需付出的辛苦完全超出了想象，照信先生为此而疲惫不堪。他的夫人美知子女士笑着说：“也不知道他要种植多少的蒲公英，才算最终实现他心中的梦想。”

并不仅是种植蒲公英。为了实现整座建筑的通风功能，藤森先生还将住宅的墙壁削去一部分，形成了类似钢琴的造型……在最初设计这座住宅建筑时，藤森先生就将其当成了实验性的平台，为了实现过去的梦想开始了艰难的设计工作，这也不是什么令人感到悲哀的事情。在家人的包容和鼓励之下，藤森先生不断地修改设计方案，使其越来越接近实现其少年时的梦想，藤森先生为此兴奋而雀跃。正是在家人的关怀和支持之下，这座在旁人看来有着各种缺憾的住宅建筑终于大功告成了。

在“蒲公英之家”的住宅建成之前，同样在这片土地上，原先也是藤森先生一家居住的住宅，那是用预制混凝土板材建造的装配式住宅建筑，全家人一直生活在这里。在这里生活多年并熟悉周边环境的美知子女士

*［上］在院子里可以看到的住宅建筑的全貌。环绕在一层类似门框的结构形成了如同日光屋一般的效果。从明治时期的西洋式建筑中可以看到相似的建筑结构

*［下］客厅。客厅的顶棚、墙壁、地面均采用日本产的栎木、橡木材料进行装饰。设置在左上角的圆形装置，是不能发挥功能的换气口

对新的住宅建设方案也提出了自己的意见，她希望未来的厨房最好仍然设置在住宅建筑的东侧。藤森先生不仅自己动手完成设计方案，而且亲临现场参与施工的各个重要环节，甚至作为工长直接参与指挥顶棚和墙壁的装饰施工。在实际的工程施工中，藤森先生不拘泥原有的设计方案，很多地方也根据美知子女士的意见现场进行修改。这座用日本传统建筑材料建造出来的具有藤森先生独特设计风格的建筑（自诩为“野蛮而前卫”的建筑），和预制混凝土的装配式住宅实现了完美的融合，这在其他的住宅建筑中很难再找到相同的类似案例。

这座惊世骇俗的充满个性的“蒲公英之家”，对于其家庭成员而言，并没有感到丝毫的新奇和不协调。正是基于全家人的信任和鼓励，藤森先生才得以实现建造其梦想中的家园。“在藤森先生的坚持下，我们家的住宅完全变了一个样。我们在这里生活已经超过了13年，目前还没有进行装饰和维修的打算。我们共有四个孩子，两个大的孩子认为这种改建十分有趣，而两个小的孩子却不太喜欢。看来还是最小的孩子想法更为保守一些。”从美知子女士的谈话中，作者本人才意外地知道反而是孩子们的想法更加保守。而大人们却思想更加激进并勇于接受挑战，由此看来保守和激进的思想在藤森先生家中和年龄大小并没有直接的关系。“蒲公英之家”的住宅建筑，从造型上看充满着纯朴和天真的气息。

* 坐在客厅中的美知子女士。左侧被隔开的空间是厨房，改建的设计方案将厨房设置在原来的位置上

美知子女士认为这座建筑最好的场所就是客厅。这个客厅在一本建筑杂志的专栏中进行过专门的介绍，客厅的设计确实深受藤森先生风格的影响，身处在这样的客厅之中，会使人感到精神松弛，情绪也会变得和缓很多。阳光从客厅顶部的天窗中自然地照射到大厅里，反射的阳光使室内的颜色变得十分柔和，而透过大厅的落地窗就可以看到院子里的景色。美知子女士经常在家人入睡之后，一个人在夜深人静的时候，来到客厅里静坐沉思。而不喜欢这座奇怪造型住宅的女儿，现在已经是大学的研究生了。美知子女士3年前已经辞去了工作，13年前还在忙里忙外的美知子女士现在能十分高兴地每天早上和全家人在餐厅中共进早餐，然后再各自奔向自己的工作和学习的场所。

作者本人曾询问过美知子女士，在什么地方还可以找到藤森先生后来修理返工的缺陷？美知子女士笑着回答说“没有了！这是经过全家人认可的‘最终产品’，怎么可能还会存在其他的问题呢？”

* ［蒲公英之家］ 设计／藤森照信＋内田祥士（习作舍）

1995年竣工，该建筑位于东京都多摩地区，这是作为建筑师的藤森先生主持设计的住宅作品，颇具藤森先生独有的“野蛮而前卫”的设计风格。这座被认为具有现代色彩的住宅建筑已经成为建筑界经常谈论的话题。这座建筑所选用的建筑材料全是日本传统的建材，屋顶和墙壁之间栽植着日本的蒲公英和结缕草。

感受着生命循环的场所

* 一层为年轻一代活动的空间，透过餐厅可以看到院子里的景色。冬日的阳光可以透过树木的缝隙照射在院子里，而夏日茂密的树木又能遮挡烈日的阳光

No.1住宅，共生住宅——内藤广先生的府邸

虽然探索如何抗衰老是健康保健永恒的话题，但是谁也不会为此去认真寻找所谓的长生不老之药。而更注重平时的饮食和健康的生活方式，不仅成为追求健康的一种潮流，而且成为人们追求长寿的一种生活目标。但是怎样的生活方式才算是正确的追求长寿的生活方式呢？“共生住宅”的出现就是对这一问题的一种答复，并期望其能成为引导建设家庭住宅的一种潮流。

在这片土地上建造的住宅，是内藤先生全家几代人的大家庭共同生活的建筑。尽管内藤先生于1984年对这座住宅进行了重新翻建，但是其现在依然保持着原有的建筑风貌，不同年代出生的家庭成员仍然生活在一个屋檐底下。从这里出生，在这里逝去，一代又一代的家庭成员生活在这里。内藤先生30多年前就开始考虑规划要重新建造这座家庭建筑，为了诠释生而复死的生命周期的主题，他将这座住宅建筑命名为“共生住宅”。内藤先生为了“体现一个‘家’的真正内涵，所以还在院子里设计建有墓园。”他们将死去的宠物就埋葬在院子里的樱花树下。

“虽然在小家庭里过自己的小日子的感觉会非常好，但是地处北镰仓这样的地理位置，几代人生活在一起的大家庭不是更有利于孩子们的健康生长吗？在这样的生活环境中，所有的家庭成员对生与死的观念会有

* 可以看到年轻一代居住的二层，旁边的墙壁隔开的是父母亲生活的空间，大家生活在同一个屋檐下。从亚洲和中东等海外地区旅游购入的镜子等物品合理搭配装饰着室内空间。装饰架上摆放着从各国购买的奇石和其他物品

更深刻的认识，也会更加珍惜在一起生活的宝贵时光。”这是现在夫人镜子女士对当初的“共生住宅”有了更深刻的理解。“尽管当初内藤先生对墙壁、屋顶、地面的设计已经达到了‘90%的满意度’，但是令人吃惊的是他在一周后又修建了隔离墙，形成了现在的空间格局。”该住宅建筑的主体结构为混凝土构造，而这些隔断墙基本上为木质材料制作的隔离架。父母双亲和内藤夫妇两代不同的人生活在同一屋顶下，灿烂的阳光从玻璃窗直接照射进室内，屋内种植着各种需精心浇灌的绿植。由于父母双亲和内藤夫妇的房间不是用传统材料修建的隔离墙，因此父母双亲和内藤夫妇发出的声音和动静相互之间也能完全听得到。住宅内烤鱼、喧闹、争吵的声音不绝于耳，一片生机勃勃的生活景象。同时也完全可以想象得到，每天出现的烦心事情也不会少。老人们时而唠叨几声，时而又放任自流，在同一空间下不同年代出生的家庭成员生活在一起，自然而然地会产生一定的距离感，但同时也会使每位成员具有更大的包容胸怀。内藤家的院落中有很多家人喜欢的植物和动物，这里也成为周边孩子们特别喜好的游乐场所。“由于家里养了狗、猫、兔子等小动物，也把周边的孩子们吸引过来。老奶奶就会用点心招呼小客人们，并关照着这些孩子，真是热闹极了。”

去年内藤先生的父亲就是在这里过世，他是一位非常喜爱整理院落的行家，同时也是一位学者。“不能说大家对他没有进行精心地看护，

* [上] 父母双亲生活的客厅。第66页图片的内侧也可以看到客厅的场景
* [下左] 内藤镜子女士
* [下右] 住宅建筑的外观。左侧为孩子们、右侧为父母双亲生活的房间

因为家庭中每一个成员的健康都是十分重要的事情。只要一个人身体有病，就会打乱全家人平静的生活状态。”镜子女士在传统的日式房间里，送走了这位临终的老人。“他的离去，让我感到一个时代的结束。”狗、猫和这座住宅建筑的年龄也都随着家庭成员一年又一年地增长。“或许我们在不久之后也会搬到父母双亲居住的房间里，不知什么时候也会在这间传统的日式房间里死去。同时也还会迎来不知道的新的家庭成员。生命的周期循环在我们家庭里也会反复地出现。”镜子女士以略带伤感的语气讲着这番话。“共生住宅”不仅仅是不同年代的家庭成员和动植物在一起共同生活，也是通过生物在不同季节的循环生长全家人一起感悟人生的哲理。内藤先生一家通过共生的生活，总结出来的生活真谛，使全家人平静地看待生与死。他们可以保持平静的生活心态，冷静地面对自然的变化，珍惜生活的每一天。他们一家人在这里生活的同时，不仅仅将这里看成是生活的居所，而且也把它看成是修炼身心的场地。

* [No.1住宅，共生住宅]　设计／内藤广
1984年竣工。该住宅占地面积462㎡、建筑面积237㎡，为地上2层建筑，属于钢筋混凝土结构。该建筑位于神奈川县镰仓市，1995年进行了改建。主体结构只有墙壁没有立柱，通过隔离墙将空间分隔成不同的房间。年轻一代的住宅间位于一层，一层设施齐备，除了玄关之外还建有餐厅。父母双亲的住宅也非常宽敞，母亲的房间里放置着钢琴可以作为钢琴室，父亲有专门的房间供其进行研究。二层全部是孩子们的房间，呈口字形的平面布局。孩子们和父母亲、祖父母之间的沟通往来可以十分通畅。

简朴的生活之家

* 家庭的中心位置处摆放着一张大餐桌

锯式屋顶之家——手塚贵晴、手塚由比的府邸

从涩谷坐电车（即：轻轨）15分钟就可以到达被绿色环绕的高级住宅小区田园调布了。作者本人在拜访这座地处环境幽雅小区的手塚先生的府邸时，心情不免有些紧张，但是当本人一迈入这座府邸了解到其室内的空间结构之后，原来在心中的很多疑问也都迎刃而解了。这座建筑巧妙地采用了借景的设计手段，使其融入进周边的环境之中。当微风拂面时，您身处此地仿佛置身于避暑胜地之中，使人不由得心旷神怡，情不自禁地想舒展一下自己的身躯。

“锯式屋顶之家”是供几代人共同居住的住宅，一层是贵晴先生的父母双亲生活的场所。房间的布局不同于其他的住宅建筑，每层的面积达到了28坪（约93㎡），显得十分宽敞。由比女士说“许多供几代人共同生活的住宅建筑在设计时很容易出现一个问题，就是父母双亲生活的区域设计得过于狭小。”“由于此类案例看得太多，所以在设计自己的住宅建筑时，我们就将保证空间的宽敞作为第一考虑的要素。”在这座住宅的院子里种植有栗子树，这也是从原来居住的院落中移植过来的。虽然种植一颗新的栗子树其成本可能会更低，但是为了满足父母双亲的心愿，手塚先生就移植了原来院落中的树木。

二层的浴室和房间为一体化的空间格局，并没有设计隔离的墙壁。这

*［上］背向北侧的大门，可以看到室内的全貌。室内摆放着贵晴先生经常触摸的三角钢琴。南侧的大门外栽种着为父母双亲移植过来的栗子树

*［下］厨房。右侧为容纳餐具、容器的大储藏柜，手塚一家生活所需的用具也都放置在这些储藏柜里。厨房不仅是做饭和就餐的场所，也是全家人相互交流的重要场地

里既没有手塚先生夫妇专门的书房，就是时至今日也没有为孩子们设立各自单独的房间。由比女士认为在家庭的生活中完全没有必要设置单独的房间，“如果设置单独的房间，的确在自己的房间里做事情可能会比较方便，但是这种想法过于简单。如果将其扩展为一个大家共用的空间，相互在一起生活不会产生彼此的隔阂和担心，相互的关心会使家庭成员之间的关系更为融洽。”在房屋的中心位置放置着一张大餐桌，每天父母双亲在这里做自己的事情，而孩子也在这里做功课和学习。设施完备的厨房间被全家称为“手塚家的车站”，全家人每天要多次往返这里，彼此做任何事情也相互可以看得到，厨房背墙的大储藏柜不仅可以存放全家四口人的西服，还可以存放洗衣机和吸尘器，总之手塚全家的各种生活用品均可以存放在这些大储藏柜中。住宅中所有的家具和房间均不属于个人专用的物品，全家无论是谁均可以自由使用。手塚一家将日本传统平房住宅建筑的生活方式，复制到了“锯式屋顶之家”之中。这种在日本传统建筑中开放式的生活方式，被手塚全家四口人发挥得淋漓尽致，全家人就如同一个团队，营造出温馨的生活氛围。由比女士将过去日本传统住宅建筑常见的“同一屋檐下的生活”场景，再现到自己的住宅建筑之中并同时发扬光大。

这座住宅建筑位于一片小山丘之上，由于住宅北侧永远是阳光明媚，而其南侧的采光效果良好，因此住宅建筑的顶棚设计成阶梯式的高窗采

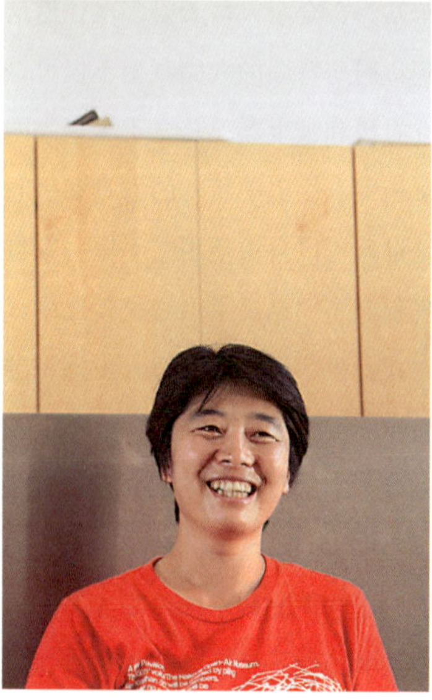

* [上左] 连接大门的外部楼梯。一层是手塚的父母亲居住的住宅，二层是手塚夫妇居住的住宅
* [上右] 位于一层的大门。眼前是手塚家的大门，再往里是手塚的父母双亲居住房屋的大门玄关
* [下左] 手塚由比女士。穿着T恤衫、带着手表。递过来的名片和T恤衫的颜色一样均为红色
* [下右] 浴室，和卫生间的地面存在着高度差，可以防止水蔓延出去。旁边放着红、蓝、黄、绿等不同颜色的浴巾

光。之所以将这座住宅建筑命名为“锯式屋顶之家”，是因为这座建筑的屋顶有锯齿一样的造型。手塚先生所设计的建筑，每一栋均围绕着一个设计主题。非常有趣的是贵晴先生偏爱蓝色而由比女士则喜好红色，因此他们各自的衣服和日用品也就和各自所“喜爱”的颜色相统一。他们结婚之后基本上就是以这两种主要的颜色作为生活的主色调。由比女士笑着说“洗衣服的时候特别方便，马上就知道是谁的东西了。”当然并不是所有的东西都可以这样进行简单分类，两个人共用的东西就选用了黄色。可一心梦想成为建筑师的大女儿无捺小姐就偏好黄色，而弟弟士惟则喜欢绿色。因此全家就公用的物品，统一选用了一种颜色。从日常生活的点滴之处就可以看到手塚先生一家对待生活的认真态度，他们并非是禁欲主义着，也不受各种条框的束缚，而是努力创造生活的乐趣，营造自由欢乐的生活氛围。现代的世界为人们提供了多样的选择机会，但是手塚一家并不为外界繁杂的信息所淹没，而是有条不紊地进行家庭建设，完善着全家人的生活环境。在日复一日激荡的复杂竞争社会中，能有一个使人牵挂的归家之所，也是让人心有寄托吧。

* [锯式屋顶之家] 设计 / 手塚建筑事务所
2002年竣工，为钢结构的双层建筑，其位于东京都大田区。这座建筑是几代人共同生活的住宅，一层是贵晴先生父母双亲居住的地方，二层是手塚先生一家生活的场所。整座建筑呈南北细长的走向，北侧是略微倾斜的地面，南侧的顶棚设置有阶梯式的采光窗，窗户开启之后采光和通风效果更佳。

实验性的双处生活之家

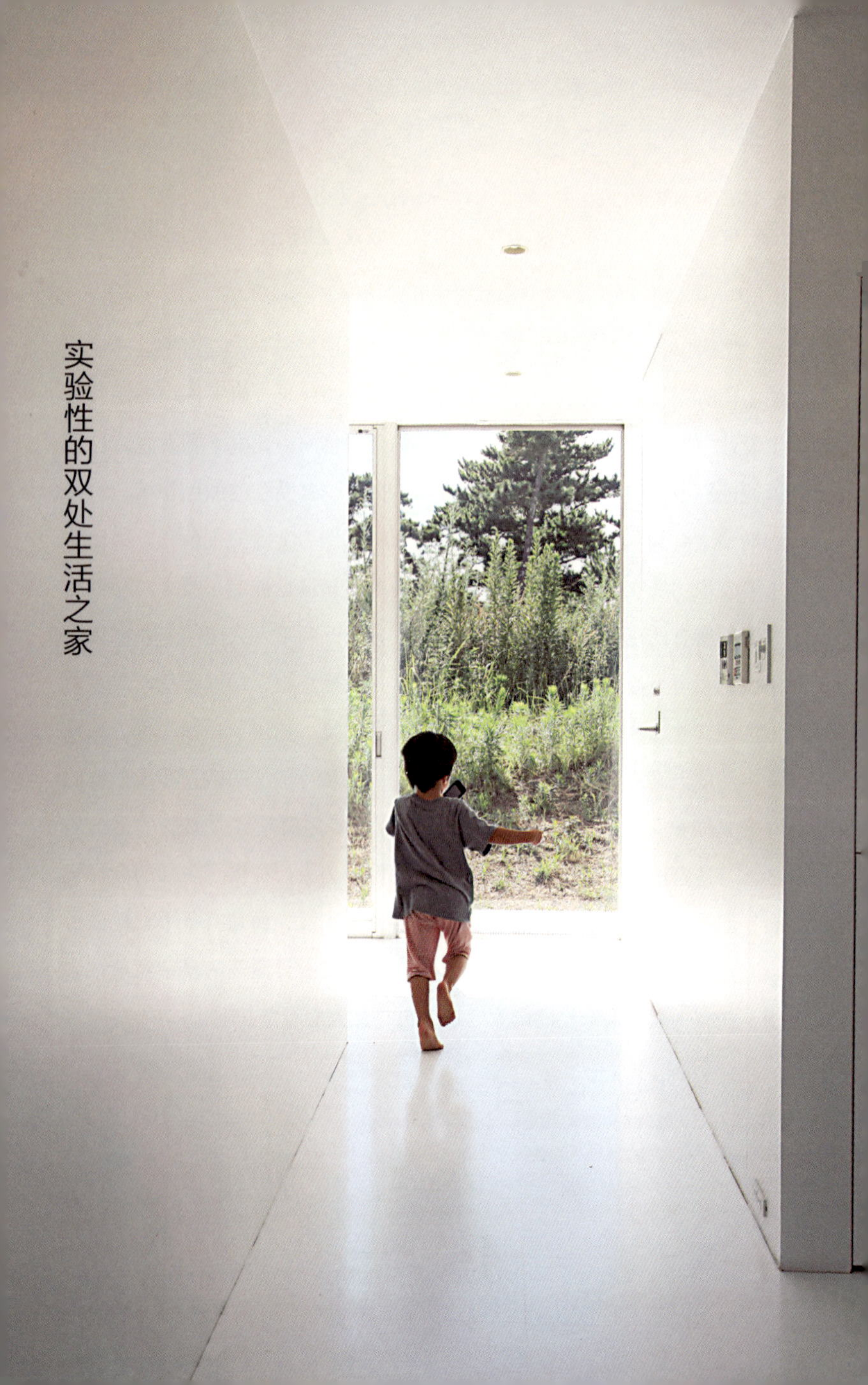

* 位于厨房旁边的走廊。四周的玻璃墙将房间包围在中央，无论身处室内何处都可以感受到室外的光线

房总的马场家——马场正尊先生的府邸

这座由直线造型构成的白色住宅建筑，让人感到威严而神秘。在经历了世间的无数颠簸和纷扰之后，马场正尊先生一家好不容易才在房总半岛上建成了这座并非简朴但十分典雅的“房总的马场家”住宅。从马场先生的博客中可以看到这座住宅建筑曾引起了不小的反响，关于这座住宅的故事完全可以编纂成书进行出版。为什么要将住宅建在房总半岛上？是如何购置的土地？是怎样申请的贷款？在设计、施工过程中又遇到了什么样的问题？作为建筑师的马场先生均毫无保留地给读者一一叙述，整个过程真是可以编成一部著作了。

马场先生从学生时代开始就介入建筑杂志的发行工作，在成为建筑师之后也经常参与不动产业权威网站“东京R不动产”的编辑工作，并及时发布自己在对工厂、仓库、办公楼等工程的设计和改建过程中的心得体会。有时马场先生还不局限于自己从事的设计工作，凡是只要在头脑中产生新的思想萌芽或新的观念就即使在网上公布，以期能得到共鸣并能进一步激发自己能产生新的创作灵感。就是在设计“房总的马场家”时也不例外，他也经常通过博客等不同方式就周边环境和设计思路与热心的人们交换思想，因此这座住宅建筑深受不同人士的设计思想的影响。

14:33

*［上］厨房。日用杂货和家具的颜色均为白色，给人以明快的感觉

*［下］客厅。再往里走是厨房

马场先生从大学的建筑学专业毕业之后，曾先就职于广告代理公司，并没有立即实现其年轻时代就立志要成为建筑师的梦想。马场先生在学生时代就和妻子步美女士结婚生子，并将家庭生活作为了其走向社会的第一选择。在不知不觉当中，大都市的生活环境和广告代理的工作使马场先生的人生观念逐渐发生了转变。在经过了一段蹉跎曲折的岁月之后，马场先生根据多年的生活积累开始着手设计“房总的马场家”住宅。在他的设计方案中，住宅的四周设计成玻璃墙，而房间则位于箱式建筑的中央。他根据多年积累的经验反复思考设计了这座具有公寓特点的住宅建筑，既保证不同的房间均具有良好的生活环境，也使各个房间合理分隔且保持必要的私密性。步美女士说“先生是在考虑了各种的影响因素的基础上，才完成的最终设计方案。所以直到现在，大家也没有感到什么缺憾的地方。”马场先生将如何放松心情作为设计时考虑的第一要素，不同于其他的住宅建筑，这座建筑的浴室和客厅相距较远。很多城市中的住宅，在日暮降临之后就会将窗帘放下。但是位于房总的这座住宅建筑，在夜幕低垂的时候，身居室内的人们仍然可以透过玻璃墙看到室外景色的轮廓。步美女士平时细心整理着房间，避免房间内到处铺张。步美女士十分赞赏这座建筑的设计，因为它实现了在开放的空间内欣赏周边的美景，可以充分享受生活的乐趣。

实际上“房总的马场家”属于周末住宅的性质。马场先生的一家人在

* [上] 住宅建筑的外观。赤足在室外健步行走的只有五岁的马场树。左侧可以看到树木。步美女士是第一次尝试在房总半岛的土地上种植花草
* [下左] 马场步美女士。在马场正尊先生主持的事务所“Open A”里帮忙
* [下右] 从室外看到的浴室。马场先生自从住进了房总半岛之后就喜欢上了冲浪运动。由于这座住宅建筑距海边只有300m的距离，所以每次冲浪结束后马场先生就可以直接进入浴室进行冲洗

工作重心的东京都也还有一处住所，只是在周末的时候才会来这座位于房总半岛的住宅里享受悠闲的时光。对于马场先生而言，城市的中心区和市郊实际上是处理工作和私人事情的两个不同的地点，马场先生也是围绕着这两个主题在两处地点进行内容主题完全不同的生活。东京和房总之间有一条轻轨相连，不超过一个半小时您就可以将喧闹的城市中心的景色换成幽静的海景，这也是距离产生美的魅力表现吧。马场先生很早就有预见性地选择了双处地点的生活方式，在购买土地的时候，马场先生根据夫人步美女士的意见选择了位于海边的土地。步美女士笑着回忆说“名义上先生是在征求我的意见，实际上他心里已经早有打算，只不过是看我是否赞同他的想法。”一家人如果固定在一个地点居住，如何兼顾好工作和生活，则是很多家庭面临着的一个难题。“房总的马场家”为我们如何处理好工作和生活的相互关系，提出了一种新的方法，这也对现代的家庭生活模式提出了一种创新的思路，这也是一种实验性的生活尝试。

* [房总的马场家]　设计 / 马场正尊

2008年竣工。该住宅位于距东京都约一个半小时车程的房总半岛，其被设计成介于住宅建筑和别墅建筑之间的房屋建筑。在传统的观念中“郊外=地价低廉”，除非经济压力所迫，一般人不会主动到郊外建房。在城市中忙碌完工作的事情，如何和家人一起共享私人的生活乐趣则是现代人都因面临的问题。以“发现新的郊外”为主题的工程项目，就是为现代人的生活方式提供了积极而更多样的一种选择途径。

体现天地恩惠之住宅

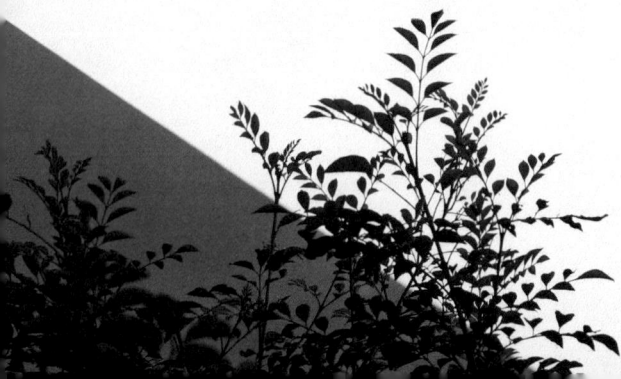

* 从客厅向空中望去。白天的阳光和夜晚的月光相互交映照射着这座住宅

LOVE HOUSE——保坂猛先生的府邸

这座占地不大的白色箱式住宅建筑被命名为“LOVE HOUSE（即：爱巢）”，当您听到这一名称时，会让人不由得从心底产生一种探究这座宝箱建筑秘密的念头。现在作者本人有幸实现您的这一愿望，我可以进入到这座箱式建筑的内部一看究竟。沿着半层高的阶梯一节一节地向上走，就可以直达住宅的大门。当一踏进大门之后，仿佛进入到了古董行，房间里放置着旧式的桌子、椅子和烛台。再往里走是厨房，按照常规的住宅布局旁边也是客厅和餐厅，但是在这里却看不到任何电视、音响、电脑和照明器具。人们所看到的是再普通不过的家具和用品，一件件如古董般地呈现在大家的眼前。楼梯的右侧为墙壁，其设计成舞台的背景一般。一束光线白天始终辐射在墙面上，到了夜晚也看不到电气照明设施，纤细的月光也同样地照射着墙面。在狂风的吹拂中，摇曳的树木身影也会映照在墙面上。没有点亮蜡烛，就是在一个漆黑的晚上到访此处……在当代的城市中，很难再找到与此相类似的住宅建筑了。进入到这种极为自然的住宅中，自然而然地也没有更多的话要说了，这里的墙壁、垭口、地面、物品和人都和我们产生了一定的距离感。看到这一切都会让人感到已经进入到别样的空间里了。

保坂猛先生的夫人惠女士回忆起当初的情形“最初我们来看这块地皮

* 位于二层的客厅和餐厅，再往里走是厨房。墙壁上安装着从国外购买的烛台。“先生拿着它说：‘这是我们家最好的灯具了’”

的时候，并没有意识到后来的生活会是现在这样的状况。”这块地皮只有10坪（约33m²）左右，也就是一个车库大小的地方，上面长满了杂草，而靠北面人家的住宅房檐也伸进了这里。但是猛先生却“就是这了”一句话，就确定了购买了这块地皮。他说“无论是100坪还是1000坪，太阳都会是照常的升起，大雨还是照旧下，大风还是照旧吹。只要是世间的一切，我们也会平等地享受天地的恩惠，没有什么可以抱怨的。”身为基督徒的惠女士听到这样的话后，也就平静地接受了先生的意见，并在心目中憧憬着家的未来。因此他们将这座包含着挚爱的夫妻感情的家命名为“LOVE HOUSE”，这其中不仅仅有夫妻之间的挚爱，而且还包含夫妇二人对爱的深情和爱的感悟。

沿着阶梯向下又回到了底层，墙面上还开有一个小门。实际上这里就是玄关，进去之后里面是一个有2.5个（约4.1m²）榻榻米大小的卧室，再往里是一间被隔开的浴室。这就是“LOVE HOUSE”的核心区域，甚至比一室一厅公寓住宅的面积还要小。正是在这样的居住环境中，夫妇二人闹中取静开始了“没有平常之感的平常生活”。惠女士笑着说“在这里生活的心情感觉很好，并非像外人想象的那样。”虽然不可能用物理的方式将这里的空间进一步扩展，“在特殊纪念日的时候，我们在宾馆的餐厅招待来访的客人，其实也是一种很不错的待客方式。这个家唯一遇到的难题就是请客不太方便。”这就是“无论是谁”进行的设计，

*［上左］浴室。浴缸和墙面一样为混凝土结构
*［上右］从玄关可以看到卧室，再往里走是浴室，两侧是整理柜
*［下左］在厨房里的惠女士。顶棚的天窗可以开启，再往上是一个小屋顶
*［下右］住宅建筑的外观

“无论是谁”也都可以进行生活的道理。在这座令人感到吃惊小空间中，也可以创作出令人吃惊的奇迹。

凡是接触过“LOVE HOUSE”的人士，无一不被这座奇特的建筑所征服。“很多朋友看到这座建筑后，马上会告诉别的朋友。并把这里当成景点相约一起来游览。甚至有的人从早到晚待在这里而不愿意回去。”尽管竣工到现在不过只有四年之多，但是约定到访此处的客人却络绎不绝，这里简直成为一个颇具人气的旅游景观了。这座住宅不仅在朋友间十分具有魅力，只要是在夏天打开了门，附近晚上纳凉的邻居也会来此进行短暂的拜访。每天放学的孩子们也想窥探一下，想知道这座藏宝箱式的建筑中究竟有什么秘密所在。这就是这座住宅招惹过往人士目光的一个最主要的原因吧。

*［LOVE HOUSE］　设计／保坂猛
2005年竣工，该住宅占地面积33㎡，建筑面积38㎡，为地上2层的木结构建筑。该建筑位于横滨市的矶子区，在占地只有10坪的地方建成了法院式（即：带天窗）的狭小型住宅建筑。在如此狭窄的地方建成这样一座住宅，不能不引得众人刮目相看。特别是位于二层客厅和餐厅的设计，这具有开放性的独特设计是这座建筑的精华之所在。人们从太阳和月亮照射在墙壁上的光线变化，可以感知季节和时间也在悄然地发生改变。

使人轻松自在的住宅

* 从客厅通往三层的楼梯。推开圆形混凝土墙壁上的门，里面是洗手间

驹场之家——竹山实先生的府邸

20世纪60年代至70年代是日本日新月异发展的高速时代，很多人为此留学海外以学习最新的知识。竹山实先生正是在这一时期有了海外求学的经历，他将在海外学习的前卫建筑设计思想发扬光大，成为日本后现代主义设计风格的领军人物。尽管作者本人非常熟悉竹山先生的设计作品，但是当看到“驹场之家”这座普通的住宅建筑时，仍不免感到有些意外。“说实在话，这座住宅不能看成是‘实验性住宅’，而仅是一座极为普通的住宅建筑。”这就是竹山先生的原话，他自己本人就是这样认为的。只是在说这话时候，一种心满意足的神态不由自主地表现出来。因此竹山先生在这里所说的“普通”一词其意味深长。

从玄关沿着阶梯上到二层就来到了客厅和餐厅。这里的顶棚直通顶层显得十分高大，女儿竹山明希和儿子竹山贤的房间位于三层。从三层往下看，就让人感到二层的设计不同寻常。二层由于没有隔墙和立柱，因而构成了一个完整的空间，显得面积十分宽敞，通过摆放的家具将二层分成了三个不同的功能区。这些不同的功能区形成了多用途的空间区域，全家人可以共同使用。这种具有开放式的空间设计是十分大胆的想法，使住宅构成宽阔的区域空间。大厅的东侧为连接厨房的餐厅，其地面要低于作为客厅功能区的地面，使人感到其可能还被赋予更多其他的

* [上] 从三层向二层的客厅望去。再往里走是全家人用餐的餐厅，眼前黑色的地面是待客空间，和餐厅功能严格地区分开来
* [下] 从二层东侧的餐厅可以看到西侧的客厅。透过玻璃窗可以看到在院内生长的茂盛的绿色植物

功能。尽管石材的地面给人以冰冷的感觉，但是冬季室内可以通过壁炉进行取暖。位于西侧的客厅以借景的方式将院中的绿色植物作为背景，并放置了书架和电视，从而增加了这一功能区的生活和轻松的气息。尽管二层分成了不同的功能区，但是全家人却可以在一个空间内完成各自不同的事情。用于分隔不同功能区长椅的背面是用来放置物品的抽屉和柜子，这种巧妙的设计十分独特。柔和曲线勾画出的顶棚、家具，以及黄色的墙壁、肋拱形成了独特的韵律，使整个空间显得更加平淡、宁静、松弛。当外人看到"驹场之家"以后，就会对其室内装饰、家具设计、整体布局等立体化的空间架构产生浓厚的兴趣。夫人留美女士在生孩子之前一直作为室内装饰设计师，并参与竹山先生的建筑设计工作。"驹场之家"的室内设计和厨房的整体布局全部是由留美女士主持设计完成的。

14年前，还没有建设这座住宅的竹山先生一家一直居住在位于青山地区的一间公寓式住宅中。女儿明希小姐将整个家中布置得绚丽多彩，使其颇具北欧的设计风格。明希小姐回忆道"就是现在来我们家的朋友们，对那个时候我们家的装饰色彩还记忆犹新。"那时候每逢周末，竹山先生会带着孩子们去公园游玩各种游乐设施。全家人一起共度周末的生活场景，明希小姐至今都难以忘怀。明希小姐以崇敬的语气说："无论是作为丈夫和还是作为父亲，他都做得十分出色。"实际上作为建筑

* [上] 一层。如同少年的秘密基地一般的竹山先生的书房

* [中左] 留美女士设计的厨房

* [下左] 留美女士、明希小姐和爱犬姆库（即：长毛狮子狗）

* [下右] 住宅建筑的外观

师的竹山实先生，和普通人一样对文化有着浓厚的兴趣，而且十分具有爱心。他所主持设计的涩谷“109”百货中心和歌舞伎町的“一番馆”都属于前卫先锋式的建筑，尽管他的设计超越了时代，但是生活在城市中的人们仍能感受到这些建筑具有相当的亲近感。和在欢乐街区设计具有活力的地标性建筑不同，竹山先生所设计的这座住宅建筑更让人感到其具有使人放松的含义。竹山先生通过自己所设计的建筑以表达自己内心的情感，这或许就是他所说的“普通”一词的真实含义。人们应该用更开放的眼光来看待“驹场之家”，这样才能更好地理解建筑师的设计思想。

* [驹场之家]　设计 / 竹山实

1997年竣工。为钢筋混凝土结构建筑，其地下二层、地上三层。整个地皮面积233㎡，改住宅占地面积104㎡，建筑面积247㎡。该建筑位于东京都目黑区，为东西走向的长方形地块，西侧有一个庭院，是一座三层的住宅建筑。一层为卧室和竹山实先生的书房，二层是客厅、餐厅、厨房，三层是两个孩子的房间。由于涉及邻近建筑的采光问题，因此这座住宅巧妙地采用拱形的屋顶造型。阳光可以通过南侧的高窗照射到室内，仿佛使客厅的空间能进一步延伸和扩展。

适应家庭变化的住宅

* 屋顶，已经成为可以进行绿化的空间

北岭町之家——室伏次郎先生的府邸

由于这座住宅建筑呈长方体的箱式造型，因此人们也称“北岭町之家”是工具箱，其外表的确和工具箱的造型十分类似。特别强调的是作为居住在其中的人士，也认为箱式住宅更符合对他们的住宅建筑的形象化描述。这座建筑将日用杂货、家具、楼梯、地面等全部收入箱中。

位于最上层的如同阁楼一样的房间是卧室，其地面只有下层的一半大。如果在上面再铺上木地板就能使地面的面积增大，也就相当于增加了房屋的面积。楼梯上安装了滑轮，则可以自由地移动。家具上也安装了组合合页，可以适应因楼梯和地面发生改变而发生的空间格局变化。所有摆设的物品和照射的光线、行走的人一样都可以发生位置的变化。屋顶经过后期的改建，已经成为绿化式的屋顶。曾多次亲临施工现场的夫人久子女士沿着外面的楼梯，可以爬上建筑物的屋顶。“最初的屋顶是寸草不生，现在这里已经可以种植绿植了。大家还可以坐在这里痛饮啤酒，真是再痛快不过的事情了。”

在距今40年前，在满足各项设计要求的前提下，“北岭町之家”终于竣工了。这座4层钢筋混凝土结构的住宅建筑，并不是在资金充裕的条件下建成的。一直在城市中心地区生活的室伏先生和亲戚一起购买了位于北岭町的这片土地，这片土地的面积为22坪（约73m²），北岭町有轻轨

*［上］四层为夫妇二人的卧室兼久子女士的工作室。由钢缆和木板构成了增强的地面结构，为日后的改建地面工程预留了相应的空间

*［下］三层的客厅。可以看到安装在地面和楼梯上的滑轮。眼前的空间十分宽敞，可以根据需要随时加装地面或改变楼梯的位置。楼梯的里面是厨房，右侧被隔断的里面是玄关。这座隔断墙可以根据需要进行位置的移动

和城市相连。最初一层、二层由亲戚居住，而三、四层为室伏先生的府邸。在这座建筑建成十年之后，亲戚从这里搬走了，室伏先生的三个儿子就搬到了一层居住。他们将一层的空间重新进行了隔断，构成了各自相互独立的使用空间。“儿子们经常邀请很多人来这里做客，他们甚至将客厅当成了舞厅尽情地欢乐，那个时候我们家实在是太热闹了。”现在三个儿子都已经长大，并各自独立过起了个人的小日子。现在一层成为从大学退休的次郎先生的资料收藏室，而二层则出租给别人家居。随着生活在这里的成员和年龄不断发生变化，“北岭町之家”的内部空间也相应地发生了改变。这也是这座建筑能不断适应环境变化的原因之所在。“在这里根据不同的情况，内部格局也在不断发生变化。难道不是这么个道理吗？”久子女士说：“室伏先生认为空气也是在不断的变化中。在设计这座住宅的时候，因为无法预料未来的发展，所以才设计成这样的结构以适应不断变化的需求”。人们通过自身的力量改变住宅的格局，也是适应不断变化的环境和家庭成员的变动。从某种意义而言，也是在表达同样的含义。

最初这座建筑中安装有可供取暖的小型热风设备，但是并没有安装可以降温的空调。屋顶在改建之前由于为混凝土结构，所以传热很快。每逢暑期四层就会变得很热，家人只好都睡在客厅的地面上。“这里夏天热而冬天冷，长期入住在这里的人士怎么可能会心情好呢？居住者的心

* [上左] 洗浴间的大门
* [上右] 通向屋顶的外部楼梯
* [下左] 室伏久子女士
* [下右] 从北侧看到的住宅建筑的外观。在竣工之初，是完全看不到室伏先生的建筑，这样的设计让人感到不可思议。从外部的楼梯可以直通三层到达室伏先生府邸的玄关

情是和温度的变化紧密相连的。”仔细观察客厅的窗框都是混凝土的结构，从中可以看到设计者的巧妙用心。北侧为玄关，而南侧的灿烂的阳关可以照射进室内75cm，室内的一切可以变得十分敞亮，风穿过窗户可以吹进室内。这座混凝土的箱式建筑，是在经过缜密的计算其最大值和最小值才建设完成的。因为是自己入住，所以投入再多的时间和精力也是值得的。这座住宅建筑无论室内的空间布局发生怎样的变化，其外部的形状几乎没有发生过任何改变。由于次郎先生在设计这座住宅时，对未来的时空、人员、建筑、物品、空气等变化进行过统筹地考虑，所以才设计出这座令人称道的空间建筑。

* [北岭町之家]　设计 / 室伏次郎

1971年竣工。该住宅的建筑面积为183㎡，为地上4层的建筑，其位于东京都大田区。最初该建筑的一、二层由亲戚居住，而室伏先生一家居住在三、四层。1981年亲戚从这里搬出，这座四层建筑全部由室伏先生一家使用。室伏先生后来将这座住宅建筑进行了改建，他们夫妇的卧室位于四层，三个儿子的房间在一层，而二层租给了外人。这里成为全家人快乐生活的居住场所，可移动式的地面和楼梯就如同舞台的道具，可以根据不同的需求随时变换室内的空间布局。

非凡生活的奇幻之家

* 从二层向下望楼梯间。顶梁柱朝着玄关的方向。这根立柱将其分成了内、外两个不同的空间

裂缝之家——六角鬼丈先生的府邸

六角鬼丈先生其原名并非如此，只是在成为建筑家之后才取了这个具有奇幻色彩的名字。他将自己的建筑思想命名为“新鬼流八道”，并以此挑战传统的建筑哲学。在他的设计思想中引入了阴阳、轮回、风土、生命等具有形而上学色彩的理念。如果用清晰的词语来凝练他的设计思想，也不是一件容易的事情。他所设计的建筑精髓究竟是什么？很难用一两句话准确地概括清楚。他对建筑的理解超过了普通人的认识。在访问“裂缝之家”的时候，作者本人也感到了一丝彷徨，“他的设计实在是太难理解了。”

“裂缝之家”位于六角府邸的正房旁边，建在内院的深处。周边被郁郁葱葱的树木所环绕，是一座小型的住宅建筑。人们从外面只能看到部分的结构特点，需要仔细描述才能讲清其内部的构造，这也是令人感到的吃惊之处。进入大门之后不到一米的地方就矗立着一根支撑的擎天立柱，将门口的空间撕裂开来。这种设计究竟是为了什么呢？接着使人感到迷惑的是头顶上方的设计。支撑的立柱一直通向顶棚，而立柱的顶端为细长型的等腰三角形。再深入到住宅中，还可以看到很多令人不解的设计。之所以将这座住宅命名为“裂缝之家”，是因为有一个类似狭窄陡立的山谷的楼梯设计。站在这座好似山谷中的楼梯间里，向上可以看

* 地下室。可以看到立柱背后室内的场景。看到的楼梯间如同在山谷间的裂缝一样。光线从二层的窗户直接照射到地下室

到通往二层楼梯尽头的三角形窗户，向下可以看到通向谷底地下室的阶梯，光线透过窗户照射进楼梯间。各个住宅的内部到处感觉十分昏暗，而光线如裂缝一样集中在一起，一路直接照射进地下室。当我们身处地下室的时候，在昏暗的地下室中这束光线显得格外耀眼，就如同身处教堂一样。在这样的环境中，人们好像感到神仙或佛祖在召唤着你，使你本能地从内心感到震撼，仿佛能感觉到上天的力量。在这里你好似进入到森林深处或洞窟底部一样，畏惧和不安的心情交织在一起。但是让人难以想象的是这是六角先生在20多岁设计的建筑作品，是其早期的代表之作。而且在这里开始了他的新婚生活，并且在这里抚育孩子，这里是他们日常生活的一个场所。现在全家的生活中心已经从正房转移到了这里，而且把卧室也搬到了这里。已经继承父亲职业同时也是建筑师的二女儿六角美瑠小姐就是在这里出生和成长的。美瑠小姐在介绍这座建筑和家庭的时候说："这座住宅早就应该进行修缮了，房屋的许多地方都出现了问题。"美瑠小姐一边介绍"裂缝之家"的近况，一边领着我们参观院子。

入口处的擎天立柱成为小学生时代美瑠小姐的玩具。但是今天已经成人的美瑠小姐说："每当我在外面感到迷茫的时候，一回家打开门，在这里看着立柱沉思之后就会使我清醒很多。它是激励我和帮助我的保护神。"美瑠小姐在介绍"裂缝之家"的时候，也会超越建筑和人的范畴

* [上] 沿着裂缝式的楼梯向上走，就可以直通美瑠女士的卧室。月光透过三角形的窗户照射进室内，给室内更增添了朦胧般的美感
* [下左] 六角美瑠小姐。大学毕业后曾在东京艺术大学做助理的工作，现在作为建筑师从事相关的设计工作
* [下右] 当推开玄关的大门，映入眼帘的就是一根直通顶棚的擎天立柱

探究两者之间所存在的特殊内在关系，将自己的内心感悟也一一地娓娓道来。这或许是孩子在看待自然界的时候，和成年人既有很多相同也有许多不同的认识，孩时的认知留给了美瑠小姐太多的记忆了。昏暗、裂缝、直光、威严、矗立的擎天立柱，这些要素构成了这座住宅非同寻常的空间格局。这里既是美瑠小姐的游乐场地，也是她的生活场所，现在又成为她悟出人生哲理的圣地。

而这座住宅建筑在鬼丈先生的心目中，又能想象成什么样子呢？自己所设计的具有特殊含义的小型住宅建筑已经成为女儿生活的殿堂。从美瑠小姐和“裂缝之家”的关系中可以看出，美瑠小姐十分认可这座住宅的设计。年轻时代的鬼丈先生一定是将自己的某种希望和志向寄托在所设计的这座建筑中。这座建筑已经超越了作为“物体”的本身，它可以使人的心灵受到召唤，使人的肌体受到感应，这是一座可以和人结成紧密关系的住宅建筑。

* [裂缝之家] 设计／六角鬼丈

1967年竣工。该住宅为地上2层、地下1层的建筑，其建于宁静的住宅小区，是六角先生开始从事设计工作时早期的设计作品。其内部和正房相连，从建成至今已经进行过多次改建。厨房等生活功能区现在已经移建到主房中，六角先生一家其他的时间均在“裂缝之家”里生活。

实现灿烂辉煌梦想的住所

* 在采访的当日，壁炉中燃烧的火苗

遥望宇宙之家——椎名英三先生的府邸

很早以前日本就十分流行“像少年一样的男子”的一句话。其意思是尽管已经是成年人，但是还是希望能够保持充满幻想的年轻心态，而椎名英三就是这种赋有幻想的建筑师。虽然“遥望宇宙之家”是成年人的生活空间，但是从住宅的造型中可以看到，这是一座寄托了少年时代梦想的建筑。屋顶上设置了天文台，椎名先生在这里实现了其孩提时期就有的随时可以仰望星空的愿望，从建筑的细微之处可以看到建筑师的执着追求。虽然这座住宅占地只有18坪（约59m²），面积也不宽敞，家庭成员也不能保证每个人都有自己独立的房间。英三先生在这里长大，基本上是一个人居住在这里，三年前开始和祐子女士一起在这里共同生活。祐子女士说：“刚刚到这里来的时候，看到这样的场景，吃惊得连一句完整的话也都说不出来。”祐子女士是英三先生建筑设计的粉丝，曾经学习过建筑学专业，现在在英三先生事务所里工作。她最初是通过学习参观英三先生所设计的住宅建筑，了解英三先生。后来开始以邮件的方式和英三先生交流感想，最后发展到和英三先生外出约会……尽管双方年纪相差有28岁，但是他们还是结婚走到了一起。从和祐子女士的谈话中，可以看出全家人生活得很幸福，双方相互支持和鼓励，丝毫不存在任何不协调的现象。尽管其中有尊敬的成分，但是情投意合是最主

1983
SELFCONSCIOUS NATURE

*［上］从浴室朝客厅望去。地面为桧木的地板，壁炉前的大理石长度是太阳直径上的圆弧的二十亿分之一。壁炉的右侧是书房的桌子

*［下］环视客厅。大门外是竹林，透过玻璃门窗可以看到浴室和卫生间。透过天窗照射进来的光线可以突显室内混凝土的质感，使光线显得更加柔和

要的。祐子女士如同姐姐一般帮助小弟弟实现梦中的理想。就像有成年人的关心和陪伴一样，忠诚的爱犬不离左右。由于他们两人有共同的世界观和相同的认识，想也没想就将爱犬命名为“yes”。因为这也是英三先生认为是最重要的一句话。

“无论是椎名还是yes。仿佛每天24小时我们都一直生活在一起。”喜好饮酒的夫妇二人每天回到家之后，必然先喝上一杯，然后海阔天空地闲聊，最后再畅怀痛饮。无论是春夏秋冬，每个季节都有每个季节的乐趣。“寒冷的日子里，只要一回到家，首先来到燃气加热器的前面取暖，然后再开始饮酒。在燃气加热器前面，就如同是‘BAR HOT AIR（即：酒吧热气）’。”然后再往壁炉里添柴，点燃壁炉取暖。“用壁炉取暖麻烦的是，每个月都要除灰，感到还是有些不太方便。”和略显凝重的空间氛围相反的是，祐子女士在介绍这座住宅建筑的时候语气是那样地轻松和快乐。她特别介绍到壁炉前的大理石长度是太阳周长的二十亿分之一。往后回头看，透过玻璃门窗看到的是浴室和卫生间，安装在洗面池上方的圆镜的直径，则是木星直径的二十亿分之一。“普通人看到这个卫生间会感到不合乎常理。”祐子女士一边笑着说，一边掩饰不住对这座家庭建筑充满的自豪感。在这座占地面积只有18坪（约59 m²）的住宅建筑中，从一处处细微而精心的设计中，可以让人们深刻体会椎名先生的住宅哲学。生活在这座由表及里的一体化空间环境中，就

* [上左] 从客厅的窗户可以看到室外的小阳台，有时夫妇二人在此用餐和饮酒
* [上右] 带有大落地窗的浴室
* [中左] 厨房的墙壁，开凿在混凝土墙壁中可以放置物品的台面
* [下左] 椎名祐子女士和爱犬yes
* [下右] 住宅建筑的外观，可以看到实现英三先生梦想的天文台

如同在经营运作宇宙。yes一词中凝聚着椎名先生的梦想，而这一住宅空间只是实现其梦想的一部分。住宅内部完全是按照英三先生的设想进行室内的装饰。祐子女士“扑哧”笑着说：“由于我不能很好地理解先生的意图，先生认为我布置的房间实在是太不好看了。”

* [遥望宇宙之家] 设计/椎名英三

1984年竣工。该住宅占地面积152㎡，为地上2层的钢筋混凝土结构建筑，其位于东京都狛江市。一层是英三先生姐姐的住房，二层是英三先生的住房。原先只是英三先生一个人居住的场所，因此称其为『家庭住宅』有些牵强附会，而只能看成是一个住所则更为合适。

在箱式之家中成长和生活

* 从一层的中院往上看

箱之家112——难波和彦先生的府邸

当您听到“箱之家”的一词时，你可能会因为从来没有听到过类似的词语而感到有些诧异。凡是自己建造住宅的人们，当知道居住的住宅建筑的造型如同“放置在地上的箱子时”，不免会联想到自己未来会在这里拉开生活的序幕。难波和彦先生亲自设计了一系列“箱之家”的建筑，他对箱式建筑的设计造型颇为执着，并且对箱式建筑的内部空间的布局进行创新，使自己的设计方案不断推陈出新。从1995年以来，难波先生已经主持完成设计并建造了130多个“箱之家”的建筑。“箱之家”已经成为难波先生研究的主要课题，因此他不可能轻言放弃。人们可以从一般的视角来理解，作为建筑家的难波先生在一系列的箱式造型中不断进行着各种设计上的创新与探索，在“箱”这样一个非常小的建筑单元中，为众多的家庭去谋划家庭住宅的空间布局。而难波先生对自己府邸的设计中，也一如既往地采用了箱式的造型。

在东京都涩谷区的神宫附近，有一片远离青山和原宿地区喧闹的幽静住宅小区。其夫人七世女士的祖父就在这里购置了土地并建造了住宅，七世女士在这里出生和成长。在历经了多年的岁月沧桑之后，院落中如同森林一般的树木已经变得郁郁葱葱、枝繁茂盛，全家几代人居住在传统的住宅建筑中。这座具有家族传统的饱经沧桑的家庭建筑在

*［上］透过二层的玻璃可以看到中院。每个家庭成员的房间和浴室也都环绕在中院周围

*［下］客厅背面的餐厅。有非常宽敞的空间供家庭成员和朋友们在一起沟通。走廊的左侧是储存物品的空间，右侧为玄关

2006年进行了翻建，现在的建筑给人以全新的感觉。“在住宅翻建的时候，全家人都搬进了公寓中居住，这是我第一次置身在另一种环境中进行家庭生活。”女儿阿丹小姐一边给作者描述着当时的情景，一边温柔地靠在七世女士的肩膀上。“我至今还记得妈妈当时那种有些不知所措的样子。”由于七世女士一直生活在这里，和这座住宅建筑有着很深的感情，因此难波先生在进行新家设计的时候，面临着很多十分复杂的困难。

当您面对难波先生所设计的这座住宅建筑时，让你马上就能体会到他所一贯坚持的“箱式”设计主题。但是在这里还只是一种表面现象，而建筑家所关心的重点是放在如何使内部的空间设计更为合理。“现在的储存空间的设计特别好，便于平时的整理和收拾。而冬天的时候，房间的取暖和保温效果也很好，会让人感到心情非常舒畅。现在室内的通风效果很不错。客厅的窗户全部是开放式的，朋友们在一起开怀畅饮的时候，也完全可以听得到外面的声音。”这座新设计的箱式住宅，随着岁月的流逝，使家庭成员之间的心灵更加紧密地联系在一起。

位于西南侧的客厅，其全部的室内装饰都是由七世女士亲自动手主持完成的。七世女士说：“我曾经花费了很长的时间，考虑如何在家里摆放各种植物。”现在全家人可以在阳台和走廊上尽情地欣赏各类种植的植物，这些沐浴在阳光下的植物给这座箱式住宅增添了勃勃生机。紧靠

* [上左] 连接二层玄关的楼梯间
* [上右] 一层为事务所、二层为住宅。连接一层和二层玄关的楼梯间
* [中左] 七世女士的卧室，可以看到位于北侧的阳台。巧妙地借用了邻居家的景色
* [下左] 难波七世女士（左）和阿丹小姐（右）。七世女士是私塾的讲师，阿丹小姐是大学的研究生
* [下右] 住宅建筑的外观。面向外面的道路，楼层间的高度较高，种植着一些景观植物

玄关的走廊上设计了可以储存物品的空间，而夫妇二人和女儿的房间也在走廊旁边。各个房间的上部都有玻璃窗，俯瞰各个房间可以发现其呈“川”字形状的布局。位于东北侧的七世女士的房间巧妙地借用了邻居家的景色，阿丹小姐的房间则对着中央院落，而夹杂母女房间中间开着小窗的房间则是难波先生的卧室。“他被我和女儿夹在当中不会有什么不高兴的吧？”“爸爸是喜欢和洞穴一样安静的房间。”这座经过翻建后的住宅建筑，让每一个家庭成员都感到心里非常高兴，这是一个让全家人心情舒畅而放松的场所。尽管这座住宅还是采用“箱”式的造型，但是难波先生的箱式住宅设计已经达到了炉火纯青的水平了。

* [箱之家112] 设计／难波和彦

2006年竣工，该住宅为地上2层的钢结构建筑。一层为车库和难波先生设计事务所的“界工作室”，二层为住宅。沿着锌板和电镀钢板的楼梯踏板可以到达二层的玄关。二层分成了不同的功能区，西南侧为客厅和餐厅，东北侧为居住区。通过走廊将不同的功能区连接在了一起。

生活在隧道中箱式住宅里的满足感

* 从二层的平台朝一层的平台望去

隧道住宅——横河健先生的府邸

受川端康成先生著名小说《穿过国境的隧道》的启发，横河健先生一直想象着会有一条通道能够穿过高山和大海。横河健先生将自家府邸“隧道住宅”的大门设计成四角方筒状的结构造型，并根据其南北贯通的形状将其命名为“隧道住宅”。而设计这座住宅建筑的时候，横河先生才只有28岁。他在完成了大学的学业之后，就创立了个人的独立事务所，这在年轻的建筑师当中也是比较少见的。这座新住宅就建在他父母亲的地块上，并且紧邻父母亲的住宅。现在父母亲的住宅里只有他母亲一个人独自生活。

他的夫人麻子女士从当初到现在已经居住在这里有30多年了，她认为居住在这样的住宅中会让人心情愉快。当时麻子女士在这座建筑竣工之前并不知道其最终是怎样的一座住宅建筑，而横河先生也是在悄悄地设计“隧道住宅”，希望能给家人一个惊喜。“当竣工之后，我第一次看到这座住宅时，不由得发出‘啊’的一声，因为它的造型实在让人感到特别的吃惊。”不论是家人还是客人只要第一次看到这座住宅建筑时，一瞬间产生的念头都是对横河先生的设计感到有些意外。“正是由于其一瞬间给人以十分强烈地刺激，所以人们更希望了解其内部的构造。”这座建筑体现了年轻建筑师非同寻常的沉稳设计思想，从地面、顶棚等

* ［上］二层，面对着南侧的底层。边长为9m见方的空间中斜放着箱式的柜子，将房间分隔成客厅、餐厅两个功能区
* ［下左］存储柜的内侧是厨房，光线能透过天窗照射进室内
* ［下右］具有储藏功能的存储柜，可以存放空调设备、电视机等大件物品

细微之处的选材，人们就可以发现横河先生的缜密细致的设计风格。作为那个时代的建筑师能设计出这样让人感到惊奇的住宅建筑，实在是不多见的。在和横河先生的交谈过程中，作者本人也逐渐了解了隧道住宅的设计思想，这座建筑无论是在空间布局还是在材料选用等方面都具有实验性的设计特点。在竣工30多年后的今日，当外人第一次看到这座住宅建筑时，还会让人感到吃惊不已。

就是这座住宅的中院也采用了隧道式的结构并进行相应的规划设计。约40个榻榻米面积大小的底层其南面全部采用开放式的设计，眼前您所看到的庭院中树木如同外面的街道花园一样。“真是应当感谢父母亲当年在院子里种下的树木，现在这些树木已经枝繁叶茂、遮天蔽日了。”住宅建筑的底层没有分隔空间的墙壁，按45°角度斜放着边长3m、高度2m的存储柜。这些存储柜也构成了类似隧道状的立体结构，形成了一个让人心情愉快的生活空间。设计者通过巧妙地摆放存储柜的方式，使其发挥出墙壁的功能，并将房间分成小餐厅和大客厅两个不同的功能区。尽管每个功能区的作用并不相同，但是通过场景式的渐次展开，使人感到场景的设置非常具有层次感，并且功能独立又相互关联。家庭的成员无论是身处客厅还是餐厅，均可以自由地在不同功能区的空间内享受生活。箱式存储柜的外侧可以放置扬声器、空调、电视等物品，而存储柜的内侧是厨房。厨房紧靠餐厅，厨房的功能设施齐全，既可以洗涤餐

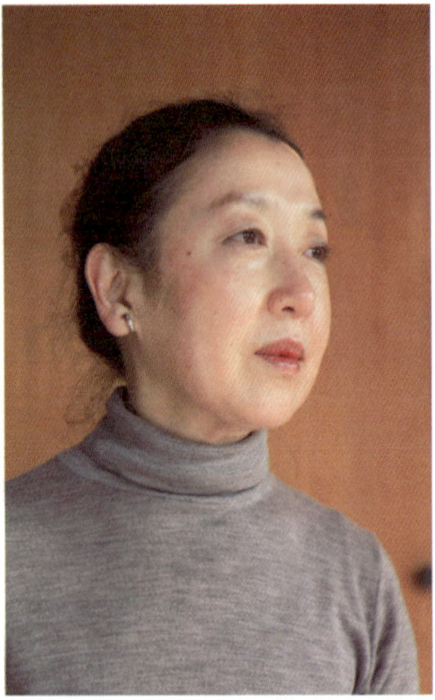

*［上］和自家府邸（左）与母亲家的住宅（右）的南侧相连的庭院

*［下左］横河麻子女士

*［下右］一层的卧室和庭院之间相通的平台

具，也可以烹调食物。根据人们行动轨迹的规律，设计出厨房相关设施的位置，厨房上部的空间和其他的开放空间构成一个整体，光线可以透过厨房天窗照射进房间里，使得整个箱式空间变得十分明亮。

每天早上，横河健先生和麻子女士一起和隔壁的母亲共进早餐，而早餐是由麻子女士烹饪的。“烹饪和设计是具有相通性的。”麻子女士十多年前得了一场疾病，现在的身体依然活动起来不太方便。从前的麻子女士十分乐意承担横河健先生的部分工作，但是现在却用病后依然有些不太自如的语气对横河先生说：“咱们这个家今后会是什么样子呢？屋顶还要改建成茶室吗？”面对着横河先生略带孩子般淘气的表情，麻子女士有些无可奈何地苦笑着。

*［隧道住宅］　设计／横河健

1978年竣工，该住宅建筑占地面积为348㎡，建筑面积166㎡，为地上2层的钢筋混凝土结构。其位于东京都涩谷区。该住宅东西墙壁的跨度为9m，采用了钢筋混凝土的隧道式的结构构造。而隧道的内部结构可以自由布局，因而便于进行南北方向的建筑改造。由于一层的房间非常宽阔，这样的空间布局便于今后根据家庭成员的变化，在穿堂大厅之间增建孩子们的房间。

自立的成年人之站台

* 玄关。只要一踏进大门就可以感到室内特殊的氛围。一直往里走左侧是客厅和餐厅，右侧是工作间和卧室

南麻布的改建住宅——北山恒的府邸

这座建筑物的外观和普通的公寓住宅没有什么两样，通过电梯就可以直接到达住户的大门，室内的现代风格的场景就如同电视连续剧一样，一幕幕地展现在人们的面前。当您身处住宅的外面是很难想象其内部的场景，只有通过建筑师的亲身创作才能让作者本人产生上述的感想。

北山恒先生和夫人关康子女士在五年前就购买了这座公寓中的住宅。以建筑师的视角出发，购买公寓住宅首先考虑的要素就是位置。“这块地段不仅非常受欢迎，而且价格适当，整个公寓建筑只有四层楼高。而面向北侧的窗外视野非常广阔，最初担心的是南侧窗外高速公路所产生的噪音，但是先生说马上就会安装最新的隔音设施，实际上房间里会变得很安静。而且夜晚观看高速公路的夜景也是件非常有趣的事情，所以就决定购置这套住宅。”夫妇二人由于平时忙于工作，所以至今还没有计划要孩子。“双方每天都一直待在家中的时候，一年下来也不超过五天。”白天大家几乎都不在家，从家里步行到工作场所还有相当的距离。虽然两人一同在家的时间十分有限，相互距离不远却很难聚集在一起，但是彼此并不为对方担心些什么。2011年3月发生大地震的时候，夫人就马上回到了家。“这时候就感到工作和居住在一起的便利和好处了。我们想一直住在这里，这座住宅已经成为我们两人生活当中最和谐

* 从北侧的工作间向南侧望去。整个房间进行过全面地装修，面向客厅和餐厅是宽2.7m、长16m的细长形空间，右侧（即：东面）为储藏柜构成的墙面，左侧（即：西面）为聚碳酸酯材料制作的可移动墙壁，可以自动地分隔房间

的要素了。”

还有经过北山先生的设计，相关的设备和结构均全部隐藏起来，这样可以确保使用时的安全性。当然设计师要清楚什么地方保持了原样、什么地方进行了改造，否则会对后续的维修带来一定的困难。由于事先就制定好了公寓的翻建方案，所以经过改建后的公寓就如同一个整体性的空间住宅。“虽然也曾经设想过在保持原有的结构前提下，对房间进行隔断。但是每个房间的格局和面积究竟多少合适，则需要仔细研究，最后觉得还是要尽可能地保持住宅的宽敞性吧。”这座原先日式三居室单元的住宅，除了保持原来的用水管线之外，全部采用了可移动式的隔断设计。如果将各种隔断全部移开，室内的面积不但会增大很多，而且整个住宅则变成了空间开放的一个大居室。小餐车、窗帘、移动式墙壁等可以根据场景的需要，进行重新的布置。“室内空间可以根据人的想法进行重新布局，而房间的分隔也不受住宅结构的束缚，生活的空间也可以根据突发奇想进行自由地变换。”

结婚之后夫妇二人在这座住宅中，谁也不居于主导地位，而是相互自由与平等的关系。就是外出旅行，夫妇二人也经常各走各的行程。虽然住宅的改建工程由北山先生负责，但是其室内的装饰则有关康子女士负责承担。他们相互之间均认可对方的工作，却又彼此进行自立的生活。“我们两人因为工作的关系，共同的熟人和朋友比较多，所以经常在家

* [上] 餐厅和原日式的餐厅。内部装饰所选用的无机材质和家具全部是由康子女士挑选的
* [下左] 关康子女士
* [下右] 位于住宅中央的厨房。可移动式的隔断墙壁和整体设计的厨房家具、洗衣机、储藏柜

里举行家庭聚会。每次可以根据参加聚会人数的多少，来移动隔断将空间重新布局。由于我们家地处市中心，所以招待朋友们聚会就显得很方便。尽管这样的生活方式可能不会永远地持续下去，但是现在对我们两人来说确实非常便利。”

选择生活空间就是在确定人生的驿站，这座体现现代风格的住宅巧妙地根据不同的用途将生活的场景进行组合，以提升生活的质量，也映照出主人公对生活的认真态度。

* [南麻布的改建住宅]　设计／北山恒

2006年竣工，其建筑面积约100㎡。该住宅位于东京都港区一座已有30多年历史的公寓中，北山恒先生将典型的三居室全面改建为一居室。将部分不受影响的结构和设备隐藏在主体构造中，地面、墙壁、照明灯具等均进行了变更并采用了全新的设计。可移动式的隔断将客厅、餐厅、工作区分成了不同的功能区，但是也可以根据需要随时移动隔断，形成一个一室化的大空间。

位于树木间的交叉点

* 在茂密的绿树庭院中，开放式的半砖高的平台为这座住宅建筑的入口

ZIG HOUSE/ZAG HOUSE（L形住宅）——古谷诚章先生的府邸

这是一座让人感到落落大方的住宅建筑。两层高的大门显得生机勃发，让使人感受到这座建筑所具有的海纳百川的包容性。房间内摆设的桌椅，也是符合主人们的心愿吧。家人、朋友等很多人都曾经给我讲述过这座“L形住宅”，这是非常受欢迎的住宅建筑作品，是古谷诚章先生进行爱心交流的府邸。

正确地说这座“Z形住宅”是有古谷先生的父母亲的“ZIG HOUSE”和古谷先生一家的“ZAG HOUSE”构成的一个屋顶下几代人居住在一起的L形住宅，所以被称为“ZIG HOUSE/ZAG HOUSE”。这里是诚章先生的出生地，现在仅保存下当初的大门。只要踏进这座住宅，眼前的场景就会像百叶窗一样不断发生变化，迎面扑来的是既凉快又清爽的空气。“ZIG HOUSE/ZAG HOUSE”位于东京都内的住宅小区里，这座院落中的树木多为高大的榉树和梅树，内侧还有少量的银杏树，院落中的树木郁郁葱葱，已经被世田谷区政府认定为保护类的树木并加以保护。踏进这座有着沧桑感的绿色院落，建筑物位于树林的最深处，透过树木的缝隙可以隐约地看到建筑物的轮廓。在新的住宅建筑建成之前，这里的院落中到处种植着各种高大的树木。这也是这座建筑采用“L”形的一个重要原因。用于树木茂盛而高大，阳光只能透过树枝照射进房间，因而对

*［上］从东侧的餐厅向客厅望去。顶板和玻璃门窗映照下的大餐桌，可以容纳很多人在此聚会。如果开启玄关的大门，客厅、平台、室外则成一个整体。右侧为浴室、卫生间的入口
*［下］可以看到位于餐厅东侧的厨房

室内的生活环境也会产生不小的影响。

大门背对着庭院，其右侧是“ZAG HOUSE”，即古谷诚章先生一家的住宅。推开大门之后，依次看到的是客厅、餐厅，而尽头则是厨房，这些功能区构成了一体化的空间。每年的3月，在大学执掌教鞭的诚章先生都要将自己当年的应届毕业生邀请到家中举行聚会。“这个时候怎么也会有几十人来，大家席地而坐。这时我们会将大门全部打开，室内的平台和室外连在一起，这种感觉让人感到特别亲切。”夫人恭子女士无可奈何地笑着说，“古谷先生非常喜欢邀请客人来家聚会。尽管每次忙的是不可开交，但是这已经成为古谷先生的弟子们非常期盼的一场聚会，并且口口相传已经成为每届学生记忆中不可缺少的一部分。”诚章先生设计的餐桌台面、玻璃架等家具都可以装饰小物件。“这家里没有展示这些物件的专门场所，所以桌子下方就成为展示的空间。”架子上摆放着各种鸟笼，酷爱养鸟的古谷先生每到一处都会在当地购买相应的物件。这些物件就如同寄生在家里的植物一样。原先在家里十分喜欢吵闹的两个儿子，如今已经长大成人，尽管他们现在已经离开这里各自进行独立的生活，但是家中的墙壁上依然保留着儿子们所画的小鸟的图案，而旁边的鸟笼里喂养着已经有十年之久的鹦哥，这是当年孩子们从外面捡来的，年轻时候的鹦哥每天都会发出欢乐的啼鸣声。现在不管多忙哪怕是难以回家，诚章先生也要想尽办法一定要回来，他特别希望能站

* [上] 住宅建筑的外观。有两层楼高的大门的左侧为古谷先生母亲居住的“ZIG HOUSE”，右侧为古谷先生一家居住的“ZAG HOUSE”
* [下左] 古谷恭子女士
* [中右] 位于一层的卧室
* [下右] 连接北侧的浴室和卫生间。混凝土砌块的中间可以摆放小物件

在客厅中眺望院中的景致，以放松自己的心情。沿进深方向的墙壁旁放置的储藏柜上的玻璃镜面柜门，将院中郁郁葱葱的绿色映照出来。透过玻璃墙壁还可以看到院中的小鸟在不停地飞舞，而它们挥舞羽毛的动作无时无刻吸引着古谷先生。有时候古谷全家和邀请的客人们，或者是学生们和朋友们，大家一起静静地观察栖息在街区的小鸟在院中的树林中穿梭飞翔。而“ZIG HOUSE”中经常举行各种各样的活动，这里也成为聚合、离散的交叉点。这座让人感到落落大方身处幽雅环境中的住宅建筑，曾经给全家带来过太多的快乐和回忆，现在依然矗立在绿树丛中展现着其顽强的生命力。

* [ZIG HOUSE/ZAG HOUSE] 设计 / 古谷诚章 NASCA
2000年竣工，该住宅其占地面积597㎡，建筑面积360㎡，为地上2层的木结构建筑。该建筑位于东京都的世田谷区。在古谷诚章先生的祖父那一代就购买的土地上并建造了这座供几代人一同居住的住宅。现在院落中还留有过去种植的树木，透过树木的缝隙可以看到这座左右配置的L形住宅，分列左右的“ZIG HOUSE”和“ZAG HOUSE”同在一个屋檐下。为了适应家庭成员的不断变化，该建筑的左右住宅基本上各为一个大的空间，通过储藏柜等家具的摆放位置将空间划分成不同的功能区。

一步步追求生活真谛的地方

* 位于客厅和厨房之间的桌子。这里是范子女士在家里休息的场所，窗户外面是邻居院中的夹竹桃

小日向之住宅——堀越英嗣先生的府邸

过去曾有“孟母三迁”的传说，而“小日向之住宅”也正在延续着这个故事。作为一个家庭，堀越先生一家在过去的15年期间曾经搬过七次家。尽管堀越先生的搬家次数很多，但是搬家的半径均控制在5公里的范围内，也就是堀越先生一家一直生活在东京都的文京区内。

堀越先生一家最早的住宅是居住在公寓中的一居室中。那是英嗣先生为了结婚而购置的，地点就在文京区。范子女士说：“由于我们对附近的街区非常熟悉，所以后来搬的家也都在这一片。”这片街区交通便利、绿树成荫，并且教育环境非常好，所以一直吸引着范子女士。

随着孩子的逐渐成长原有的公寓住宅就显得过于狭小，堀越先生开始在附近寻找新的住处而搬离了原来的公寓。新大塚、茗荷谷、小石川、音羽这些位于文京区内的街道，都曾留下了堀越先生一家生活的足迹。最终堀越先生还是在文京区新建了属于自己的住宅。堀越先生一家始终生活在同一区域，也是被这片街区的魅力所吸引。不仅是在文京区生活让人感到十分便利，就是每天堀越先生夫妇二人散步在这片区域的不同街道上，都能回忆起自己曾经在这里居住过的生活场景。这片街区的阳光、风向、街音都给堀越先生一家留下了极深的烙印，生活在这样熟悉的环境之中，寻找适合自己居住的地点并不是什么困难的事情。虽然英

* [上] 位于三层的客厅。右侧的客厅电视柜上方悬挂着电视机。左侧往里是楼梯，旁边是餐厅
* [下] 从餐厅向客厅望去

嗣先生本人就是建筑师，而他的夫人可以说是和建筑设计没有任何关系的门外汉，但是在建造属于自己家的住宅建筑时，夫人也会经常发表自己的见解并且乐此不疲。范子女士平和地回忆起当时的情景，“当初建筑设计、购置土地、居住的合理性等等基本上全是由先生做主的，因此当时我感到非常省心。”英嗣先生说：“那时候我们还是彼此非常尊重对方的意见，我自己也尽可能地改变自己是建筑师的身份，而以普通人要在此进行生活的角色来设计这座住宅。”在具体的方案设计时，英嗣先生花费了相当的精力。他不仅要考虑自家住宅的造型，还要考虑其和周围环境的相互适应性，更要考虑全家人未来生活的舒适性。堀越先生一家根据多年的积累起来的生活经验，总结归纳出来自己的“居住学”，并以此作为设计理论指导建造了属于自己的家。2004年“小日向之住宅”终于竣工了。堀越先生夫妇二人从开始相识到一起生活，已经在文京区的土地上度过了四分之一个世纪了。

堀越先生的府邸门前有一条细窄的小道直通大街，其府邸的地皮呈长方形的旗杆形状。但是当您进入到这座住宅的二层，您会发现灿烂的阳光可以直接照射在整个开放式的空间里。三层客厅显得十分的宽敞，而楼梯口则很自然地将客厅和餐厅分成了两个不同的功能区域，光线可以照射进楼层的深处。即使整天待在室内，也会被这种具有现代城市气息的室内装饰所吸引。身处这样的环境之中，身心会感到愉悦而轻松，心

*［上页］可以看到书房背面的客厅。窗边的花坛和阳台上，有很多绿色的植物

*［下左］堀越范子女士

*［下右］住宅建筑的外观。悬臂梁结构突出的部分是英嗣先生的书房和小阳台

情会变得很好。作为一个居室之家，就是应该让人感到这里是个让人轻松的港湾，再没有工作的紧张感，实现人的身心平衡，使人从精神上也感到为之清爽。

实际上这个家庭还深受茶道的影响，堀越夫妇二人共同的爱好就是茶道。茶道本身并不看重形式，而是通过茶道实现人对自己内心的修炼，并实现人与人心灵上的交流，更重要的是反映一个人对待生活的态度。从这座建筑的细微之处的设计，可以看出夫妇二人的生活取向。通过室内空间的绘画及家具的布置，就可以看到这家人平时精细般的生活质量。这座住宅内部几乎看不到任何不合理的地方，是一个集中了欢乐和美感的居住场所。通过实地采访"小日向之住宅"和作者本人的亲身体验，原先对其具有类似漫画般的粗浅印象已经荡然全无，现在需要重新认识一下这座住宅建筑。这座住宅是能够实现快乐生活的"自然体"，也是堀越夫妇一直创新"生活"方式的动力之所在。

*［小日向之住宅］ 设计／堀越英嗣 ARCHITECT5

2003年竣工，该住宅为地上3层的钢结构建筑。其位于东京都文京区的小日向街区。在具有历史痕迹的街区中新建的这座住宅建筑，和周边的街区风貌非常协调。由于这座建筑是建在旗杆式的长方形地块上，为了适应周边的环境，所以住宅中的阳台、花坛和门窗的设计都尽可能地考虑到了彼此的私密性。

不可思议的箱式宽敞景致

* 位于二层半之间走廊的图书空间。家里悬挂着很多绘画作品，大多是艺术家福津宣人的作品

KATA House——曼努埃尔·塔尔迪茨先生、加茂纪和子女士的府邸

曼努埃尔·塔尔迪茨先生、加茂纪和子女士在学习建筑学专业的大学时代彼此相识相恋，后来结婚成为夫妇。十五年前他们夫妇和其他两人合伙共同成立了“MIKANGUMI（即：橘子组）”建筑设计事务所，他们虽然以“MIKANGUMI”的名义对外承揽项目，但是更多的是以个人的方式独立进行设计，而以他们两人共同设计的项目却是非常少。

原先他们一直居住在公寓式的住宅中，几次搬家也是搬进了不同的公寓。但是随着孩子们的逐渐长大，他们夫妇开始考虑需要建造属于自己的住宅建筑了。“起先我们居住在旧式的公寓住宅中，由于临近租期所以我们不得不收拾行李，再次寻找下一处适合我们居住的地方。”在寻找住处的过程中，房地产商推荐的一块地块吸引了他们夫妇二人，也促使他们决定在这块地块上建造属于他们自己的住宅。“而那个时候，塔尔迪茨先生也下定决心考虑今后要在日本定居和生活。”加茂女士一边叙述着，一边回忆着当时的情景。

这一片属于政府认定的风景名胜区，各类住宅建筑物的造型和高度都会受到各种法规的限制。住宅建筑的外观必须是正方形的造型才能满足诸多的限制条件，而房间内部的结构则没有太多的限制，甚至可以设计成多边形的空间结构。这座白色住宅令人不可思议的是，所有的窗户都

*［上］二层半是夫妇二人的卧室和孩子的卧室，通过书架将房间隔离开来。18岁女儿的房间里装饰着女孩子喜欢的物品

*［下］进入到半地下的玄关，可以看到用柳木、桉木装饰的工作间

是大尺寸的设计，从外面就可以一览室内的风光，这样的造型设计让人多少感到有些意外。当您步入到半地下的大门里，就要沿着螺旋式的轨迹前行，室内的装饰和周边的景观就如同戏剧般的场景一幕幕生动地展现您的面前。室内并不完全是用墙壁来分隔空间，无论身处何处您都可以透过窗户看到周边的外景，丝毫不会感到房间的狭窄。“孩子们的朋友来到这里玩耍的时候，都会说你们家真宽敞。但实际上我们家的面积并不大。”由于地块条件的限制，决定了这座建筑只能采用如此有趣的造型，这也是他们夫妇二人巧妙地利用限制条件进行创意设计的结果。“我们两人的设计是不是太普通不过了。最初邀请建筑师的朋友来帮助我们进行住宅设计，但是他们怎么都不愿意来。难道没有他们就建不成了吗？”最后还是由加茂女士进行住宅的造型设计，而细部构造和室内装饰则都是由塔尔迪茨先生亲自动手完成的。这座住宅建筑是在各种限制条件下由夫妇二人合作完成的一项得意的设计作品。

“KATA House”建成后不久，塔尔迪茨先生的父母亲先后不幸离世，这也坚定了塔尔迪茨先生留在日本生活和工作的决心。现在客厅里摆放着由艾曼·沙里宁设计的桌子和来自非洲的手工艺品，还有从法国塔尔迪茨先生自己家中带来的一些物品。上一层混凝土的地面和顶棚都有用白色涂料绘制成的相应花纹，墙壁上悬挂着由艺术家的朋友们创作的“壁画般的作品”。“这面墙在五年以后或者五十年之后方能显现出

*［上］从玄关上半层就可以到达一层的餐厅和厨房，再上半层就可以到达客厅。您可以看到窗户外面的柳树和桉树

*［下左］加茂纪和子女士

*［下右］住宅建筑的外观。透过窗户可以看到邻居家种植的柳树和桉树

它的真正艺术价值。”由于当时要求朋友必须在限定的时间内创作完这幅“壁画”，所以如果时间充裕，这位朋友可能会创作出更加美好的“壁画”作品。整个室内空间的环境布置，让人感到十分和谐并恰到好处，身处这样的空间中让人流连忘返。随着时间的流逝和季节的变化，在不知不觉当中，透过树木的光线也在发生着变化。处在幽静环境中的“KATA House”，真是如坚固的“KATA（即：箱式）”一样，迎接着全家人开启新的一天。

*［KATA House］ 设计／加茂纪和子、曼努埃尔·塔尔迪茨、原下拓哉建筑设计

2006年竣工，该住宅占地面积123㎡，建筑面积98㎡，为地下0.5层、地上2.5层的钢筋混凝土结构建筑。其位于东京都世田谷区，在四方形的地块上建造了八角形造型的住宅建筑。大门设在了半地下，沿顺时针方向螺旋式前行就依次可以看到工作间、餐厅、客厅、起居室、屋顶平台等不同的空间格局。

经过改建的「住宅」建筑

* 从客厅外平台的台阶可以到达一层的院落

永福之家——堀场弘先生、工藤和美女士的府邸

沿着螺旋式楼梯来到二层，拉开大门之后看到的是厨房。通向厨房入口的大门就显现在眼前。沿着拱形顶棚的方向往里走，就可以到达客厅。曲面的拱梁上涂装着翡翠绿的涂料，墙面全部是由混凝土浇筑的。和简洁的入口形成鲜明对照的是，以美术画廊般的现代主义风格所装饰的室内空间就展现在人们的面前，让人产生一种不可思议的印象。工藤女士说："看到我们家的装饰，您是不是有一种东拼西凑的感觉"。

堀场弘先生、工藤和美女士于1986年同几位立志要成为建筑家的志同道合人士共同创立了"COELACANTH（即：空棘鱼）"设计组织，他们将设计堀场先生的住宅建筑"永福之家"作为自己最初的创作实践。这座完全由年轻建筑师们合作完成的设计取得了意想不到的反响，该设计方案入选了由鹿岛出版社所主办的建筑模型和室内模型设计图展，并最终获奖，这是标志着"空棘鱼"已经有了一个非常良好的开端。但是"永福之家"从最初的设计到最终的竣工，还是经历了一个漫长的过程。由于"空棘鱼"后期又承接了多项的设计工作，因而"永福之家"的工程不断地被延后。只是在有一点空闲时间，堀场弘先生才有可能继续推进"永福之家"的设计工作，尽管该建筑的主体结构终于大功告成，但是整体工程还是处于时断时续的状态。在夫妇二人结婚之际，

* 进入玄关之后，看到的是厨房和里面宽敞的餐厅、客厅。右侧是儿子的房间，左侧是工藤女士的房间。拉开天窗的窗帘幕布就可以看到蔚蓝色的天空。在竣工之初，餐桌下的地面还没有铺设地砖，进入玄关之后直接就可以看到高达两层的高耸空间

这座建筑的设计和施工才算全部完成。在这座住宅建筑中居住了一年之后，他们的儿子也降生了。夫妇二人将事务所也设法搬到了住所的旁边，这样就可以保证工作和家庭两不误。“永福之家”的方案在发表了十年之后，该住宅工程才最终完成，从而也使夫妇二人开始了平静的生活，并尽情地享受生活所带来的一切。

在一切安定下来之后，“永福之家”后来变成了几代人共同居住的住宅。在竣工之初，并非是现在这样一拉开大门之后，就可以看到螺旋式的楼梯，当时大家全是在一层的玄关出入。当年进入玄关之后，看到的是厨房和浴室，现在墙面还残留着当年贴着瓷砖的痕迹。而现在的客厅则是后期改建的。作为建筑家的夫妇二人和其母亲的生活空间格局并不完全相同，但是大家共处一个空间内生活则彼此都能放心。后来在玄关直达二层高的高耸空间上，又铺装了地面，一层为母亲居住的地方，二层是堀场一家生活的场所，这样尽管生活在同一住宅内，但各自可以按照自己的方式进行生活。这座建筑是他们的处女座，具有象征性的意义，这也是他们在年轻时代所进行的设计尝试。原来一心想成为著名建筑家的夫妇二人，现在已经没有当年的鲁莽了，开始享受平静的生活了。“现在这里已经没有那时在一层就直接可以看到高耸空间的感觉了，这里的顶棚是我们亲自完成的，包括新安装的顶灯和客厅的布置。”改建工程不只是进行了一次，后来为了工作、健康、成长等多功

*［上左］工藤女士的房间正对着相邻建筑的二层，而相邻建筑是工藤女士双亲生活的住宅，和好似悬空在半空中的餐厅相连

*［上右］进入玄关之后就可以看到厨房，在改装之前这里是浴室。夫妇二人十分喜好厨艺，经常在这里招待友人

*［下左］工藤和美女士　*［下右］住宅建筑的外观。一层是堀场先生母亲家的玄关，沿着螺旋式楼梯上去就可以到达堀场先生、工藤女士住宅的玄关

能的需要，又对住宅进行了改装。“原先大家身体都很好，可以聚集在一起搞类似庆贺生日的活动。但是现在老母亲活动不太方便，家中很多台阶，夫人建议都改装成了斜坡。虽然老母亲需要必要的看护，但是尽可能地还是我们自己照顾为好。”亲手设计过很多建筑的工藤女士，其所讲述的事情还是那样让人感到新奇和吃惊。“我深切地感到家庭住宅的建筑还是要根据家庭的实际情况而不断地发生变化”。由于生活节奏发生了变化，有时夫妇二人也会自己对自己提出新的问题，“现在我们居住的环境是不是还有什么不方便的地方？”由此造成了这座住宅出现了一个又一个经过改装的痕迹。原先感到有些局促的空间随着岁月的流逝，全家人渐渐地习惯这样的生活环境。“永福之家”这座承载着生活厚重的住宅建筑，和不可缺少的空气一样对于全家人而言，已经成为不可缺少的生活栖息地。

*［永福之家］　设计／工藤和美、堀场弘、COELACANTH（空棘鱼）&H

1988年竣工，1998年改建。该住宅占地面积302㎡，建筑面积157㎡（改建后为165㎡），为地上2层的钢筋混凝土结构（一部分为钢架混凝土构造）。其位于东京都杉并区。原先这里是堀场先生父母亲的住宅建筑，后来进行了改建，现在一层是堀场先生的母亲生活的场所，二层是堀场先生和工藤女士全家人生活的地方。而相邻的住宅原先是几代人共同生活的住宅，现在只有工藤女士的父母双亲在此生活。

举行一个又一个活动的住宅建筑

* 在这座住宅中，如花瓣一样散落着小的活动空间

明日之家——小泉雅生先生的府邸

看着宽敞的客厅，小泉夫人京子女士不由地谈起过去的事情，她说道：“以前三个孩子经常带着小朋友们在这里一起玩，女儿的小朋友在那边玩，儿子们的小朋友们在这里玩……家里简直成了幼儿园了。”和宽敞的客厅相比，居室的面积相对就显得有些狭窄。一层的中心是客厅，正对着并排设置的孩子们的房间。沿着阶梯往上走，可以看到位于楼下的餐厅和厨房。由于孩子们的房间紧邻着客厅，而客厅就如同自由的广场，从楼梯上就可以观察到整个餐厅的情况。从各个房间的相互位置关系就可以推断出其和整个家庭的关系了。

往顶棚上看，你却看不到相应的照明器具和插座，实际上在支撑和分隔顶棚的壁墙边缘处安装有照明设备，采用的是间接照明的方式进行采光。电视机为投影式的放映机，可以直接投影到墙面上欣赏电视节目。总之作为家庭住宅所必需的功能是非常齐备的，只是表现的方式和普通住宅大不相同。作为“明日之家”的住宅建筑采用了全新的理念进行设计，全部为电气化的控制并安装了绝热保温的三重玻璃门窗，采用了热传递效率高的材料和与之相匹配的地热采暖系统，这种重视室内环境的现代设计理念特别值得人们的关注。

在进行方案设计的时候，京子女士特别提出了要保证轮椅移动路线轨

* [上] 可以看到孩子们房间背面的客厅。左侧为小厨房，再往里走是京子女士的画室。主要是为了照顾母亲的生活而专门将其设计在一层。正对着的白色墙壁里面是卫生间
* [下左] 从玄关可以看到孩子们房间的侧面。左侧是楼梯间兼内院
* [下右] 京子女士的画室，可以看到相关的画材、资料和作品

迹的畅通，同时还希望房间内的保温效果要好。由于京子女士的母亲平时的活动要依靠轮椅进行，因此京子女士希望能为和自己生活在一起的母亲创造更多的便利条件。她不仅提出对客厅的设计要考虑到具有多功能性，而且还考虑到轮椅的行动轨迹是否合适。在客厅的中央处设置有卫生间和小型厨房，这也是为老母亲所特别设计的。她希望借用母亲尚存的活动能力，创造出一个能和全家人一起生活的活动空间。

原来母亲生活的空间现在是京子女士的画室。毕业于美术大学的京子女士从单身时期就是画本和连环画的创作者，后来由于孩子们的年级都很小，京子女士停止了创作。在孩子们长大之后，京子女士又拾起了画笔。现在京子女士不仅仅是创作绘画作品，而且还去学校和福利机构宣传自己的创作作品。为了开展好这项工作，四年前京子女士还学习了手语。“能够直接和残疾孩子们交流并及时得到反馈，真是特别感到高兴。”

在这里生活的五年期间，三个孩子也在逐渐长大，现在分别为19岁、16岁、12岁。由于生活的方式逐渐出现了差异，全家聚在一起吃饭的机会也在逐渐减少。雅生先生、京子女士平时忙于工作，过去那种全家人一起到户外郊游的机会也不多见了。“周末只有大女儿，其他人也很少待在家中，各忙各的事情。”京子女士高兴地介绍着全家人的生活趣事，“过去大孩子喜欢什么，下面的小孩也就跟着喜欢。但是现在孩子

* [上·中右] 位于二层的餐厅。可以看到屋顶的阳台。在这里儿子和朋友们可以钻进睡袋进行休息
* [下左] 小泉京子女士
* [下右] 住宅建筑的外观，被绿色包围的建筑

们却希望能给自己一个更宽敞的活动空间，一个个均有很强的自立意识，这也是一个很好的现象。”

随着时间和季节的变化，也会给这个家庭住宅建筑的室内色彩带来相应的变化，同样还会使这个家庭的生活方式发生改变。过去的“明日之家”如同幼儿园一样热闹非凡，但是随着其家庭成员开始各自独立的生活，也会迎来日趋成熟的明天。

* [明日之家] 设计/小泉雅生、MEJIRO STUDIO（绣眼鸟工作室）

2004竣工，该住宅为地上2层的木结构建筑。该建筑位于横滨市青叶区，是小泉先生和年轻的建筑师们及弟子携手共同设计的。这座建筑四面都设计了方形的门窗，外面的光线可以直接透过门窗照亮室内。同时这座建筑还安装了三重的保温门窗，同时室内采用了蓄热保温材料进行装饰，实现了热效率较高的室内环境。这种重视保护环境的设计理念，减少了不必要的环境负荷，因而获得了较高的社会评价。

把握行为设计的钥匙

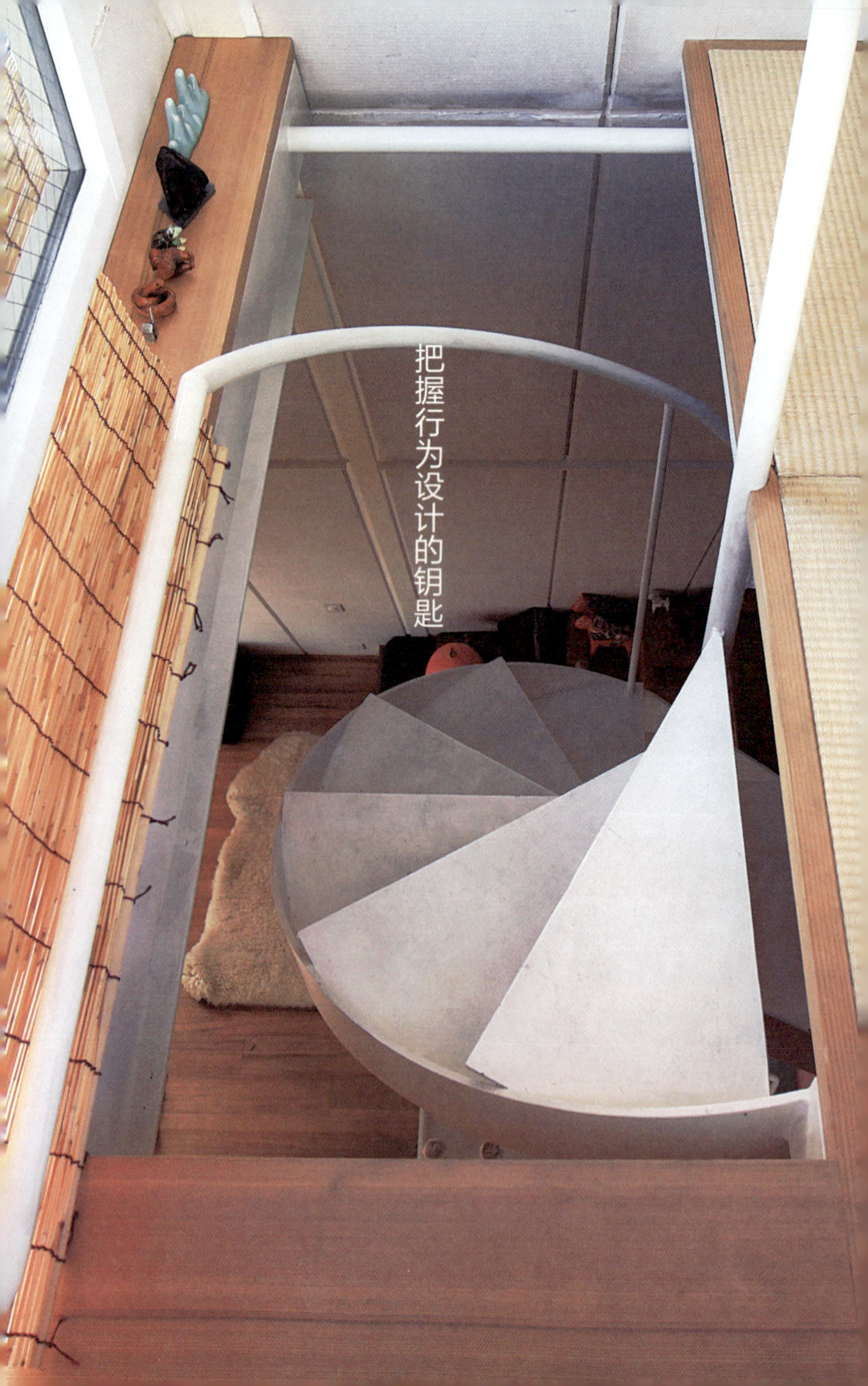

＊小型的日式房间和屋顶平台。从四层往下的螺旋式楼梯

家和犬吠工作室——塚本由晴先生、贝岛桃代女士的府邸

其位于山地的住宅小区，沿着前进的道路就可以看到各式各样的住宅建筑。再往里走，有一块在外面道路上看不到的长方形旗杆地块，而“家和犬吠工作室”的住宅建筑就建在这块地块上。这座属于住宅的府邸建筑，在道路外面是看不清其整体的外观和颜色。如果再走近一些就可以看到建筑物茶色的外墙了，很难想象这是属于建筑家居住的住宅。这对建筑家夫妇参与了自己府邸的建筑设计，因为建筑家也要在现代社会中过普通人的生活。塚本由晴先生和贝岛桃代女士夫妇二人均在犬吠工作室从事建筑单元的设计工作，由于深受现代主义的建筑风格的影响，在他们所设计的作品一直体现着这种设计思想。他们所设计的作品不单纯是建筑，而且还包括街区的规划。只要能涉及现代生活的不同方面，犬吠工作室所设计的建筑作品，就会将现代主义的设计思想发扬光大。

当时孩子们看到这座住宅建筑的时候特别高兴，兴奋地说：“我一定要请朋友们来玩，让他们好好看看我们的家。”贝岛女士情不自禁地回忆着当初孩子们高兴的情景。从原先的家将行李搬到了“家和犬吠工作室”住宅建筑中，贝岛女士之前已经搬了有20次家了。“在我小的时候，父母亲每次搬家之前都会耐心倾听我个人的希望。当时我还是个孩

* 卧室、浴室位于三层。沿着楼梯往下就可以到达餐厅，这里也可以作为舞场

子，完全是根据小孩子的个人喜好来挑选房子，根本不会去考虑父母亲的工作与生活是否便利。”

塚本先生和贝岛女士结婚之后，一直在犬吠工作室从事设计工作，同时也在各自的大学中执掌教鞭，多地往返的生活让他们感到十分辛苦。这时候贝岛女士开始在自己孩提时代生活的四古地区寻找可以建造住宅的地段，经过不懈的努力，她最终找到了一处较为满意的地块。为了将工作和私人的事务能清晰地区别开来，所以将这座建筑命名为“家和犬吠工作室”，也就是表明这座建筑是一个既有工作室、也有住宅的复合型建筑空间。地下室和一层为工作室的区域，二层的厨房和客厅为和工作室共用的空间。每天都会有工作人员和客户在这里进进出出，各式各样的人员都会光临这座建筑。尽管这座建筑具有多种的使用功能，但是并没有清晰的区分界线。虽然没有用墙壁将内部空间分成不同的功能区，但是在这座箱式建筑中的各种活动相互之间丝毫不会受到任何影响，人员和物品之间也没有出现过任何混乱的现象。这或许就是犬吠工作室的一个秘密吧。贝岛女士说：“由于这里也是自己和同事们工作的地方，所以在使用时会非常留意。”在使用之前，就确定了相应的工作区域和使用方法，并且尽可能地保持以前的工作习惯。“由于事先预想了很多可能会出现的问题，所以也考虑了应对这些问题的解决方法，并且对这些方法也事先进行了模拟尝试。塚本先生和我都十分注重对工作

* [上] 二层和事务所共同使用的大客厅。这里摆放着犬吠工作室所设计的“犬·椅”座椅，下层是事务所的工作空间
* [下左] 贝岛桃代女士
* [下右] 站在室外可以看到的建筑物外观。由于视野被邻居家的建筑和电线所覆盖，因此很难看到整座建筑物的全貌

场地的计划管理，自己首先在日常的工作中从待人接物、行为举止都严格按照事先规范好的方式进行，因而也很好地起到了示范效果。”尽管这些属于常识性的日常管理，但处理具体的事情时，做事的方式也会各有不同。但是每个人在这里对自己的行为举止都会不自觉地有所约束，如果换了一个场所可能会是另外一种的表现形式。如果建筑物和内部的家具都属于时尚的流行风格，那么它们所体现的价值也会对人的行为活动产生一定的影响。在“家和犬吠工作室”这座建筑中，是塚本先生和贝岛女士作为建筑家实现自己设计思想的实践产物。从街区的选择和住宅建筑的设计，以及房间的布置和桌上的摆设，都反映着每个人各自的价值取向。身处不同价值取向的环境之中，每个人的行为举止或许都会不自觉地发生相应地变化。

* [家和犬吠工作室] 设计 / 犬吠工作室

2005竣工，该住宅占地面积109㎡。为地上3层、地下1层的钢筋混凝土结构和钢结构建筑。其位于东京都新宿区。由于容积率的限制，所以整座建筑采用了多边变形的造型设计。由于地处长方形旗杆地块的深处，并考虑和邻家建筑的相邻关系，所以这座建筑的每一层都采用了多窗大开口的设计，以确保屋内的采光和通风效果。每一楼层内并没有设置隔断墙壁，沿着楼梯往上走，您会发现事务所和居室空间的场地色彩也在渐进地发生着改变。

集装箱内的『正常生活』

* 东侧配置着白色的楼梯，这也是这座建筑中的具有象征意义的设施

神宫旁之家——费利克斯 · 克劳斯先生和吉良森子女士的府邸

生活究竟是什么呢？究竟是家务劳动还是工作，许多人会很自然地认为是日常工作。吉良森子女士的丈夫费利克斯 · 克劳斯先生每年只是从荷兰回日本的两个月里一直待在这座住宅里，而其他的时间每天也要进行日常的“正常生活”。

他们的住宅建筑位于东京都的青山一带，这里的街区环境优美、景象宜人。在大道边的小路深处的细长地块上，这座小型住宅建筑让人不由得回忆起过去那个年代的住宅，耳边会传来电视机的声音和人们说话声。这座住宅建筑有好似降落在地面上的宇宙飞船的银色外观，而克劳斯先生却认为其如同是运送货物的集装箱。当您打开大门之后，不由得会大吃一惊，因为展现在人们面前的是非同寻常的开阔而明亮的室内空间。在这宽敞的室内空间里，各种装饰和布置都是主人亲自操作完成的，在这里全家人进行着吉良女士所描述的“正常生活”。只要回家之后，吉良女士首先就是进行扫除和整理房间。“由于楼梯是用曲面的铁板制作的，需要跪在上面逐一擦拭白色的踏板和扶手。干活的时候人的心情也会变得十分平和。”

在日本的大学学习期间曾经去荷兰进行过交流的吉良女士，曾在阿姆斯特丹工作过，现在成立了自己独立的设计事务所。吉良女士曾经在荷

* [上] 位于三层的客厅
* [下] 位于一层的餐厅和厨房。光线从北侧的院落中照射进室内，使室内空间变得十分明亮

兰政府的建筑机构里工作，承担完成了首相官邸的改建工程。现在设计事务所主要承接别墅式住宅的设计和各类改建工程，是阿姆斯特丹景观委员会的支持单位。吉良女士同时还担任了日本的客座教授，每天都是在紧张的工作之中。而克劳斯先生是一家百余人设计事务所的老板，每年也承揽大型的工程项目。尽管夫妇二人都是从事建筑领域里的工作，但是两人的工作内容却完全不一样。“在荷兰期间两人经常不在家，每天都是各人忙着各自的工作。”后来克劳斯先生提议设计这座住宅，以便双方在日本生活和工作期间能有一个稳定的栖息之地。

“因为在荷兰建筑物上的开口尺寸设计都有相应的法规规定，因此这座住宅的大门就没有设计得太大。我认为整个建筑的设计都是克劳斯先生根据荷兰的相关规格进行计算而设计的。”虽然是在环境完全不同的日本进行住宅建筑的设计，尽管住宅的占地面积非常小，但是并没有任何出现令人费解和不合理的设计。从一层至四层都是一层为一个整体性的空间布局，随着楼层的不断增高，照射进室内的光线也就愈发显得明亮，并且站在楼层上看到的视野也相应地变得十分宽阔。虽然克劳斯先生是采用一贯的现代主义的设计风格，但是每个楼层的设计也还是存在着微小的差异。而吉良女士认为居住在这里，和生活在具有日本传统的日式房间中并没有什么太大的区别。“和全部用纤细材料建造的安静的日式房间相比，这座经过我们亲手建造的房间也基本上也没有采用更多

*［上左］推开西侧的木门就可以到达外面，玄关和外面的道路相连
*［上右］在屋顶上设置着圆柱形的凳子。夫妇二人有时在这里和朋友们一起进行烧烤
*［下左］正在一层厨房里准备家庭聚会的吉良森子女士和费利克斯·克劳斯先生
*［下右］卧室。整个房间的白色装饰，使人感到非常明亮

的日用品。每当回忆起生活在这里所听到的每一个声音和看到的每一个动作，都会让人感到心情十分惬意”。在采访克劳斯先生的同时，吉良女士也多次谈到了自己个人的感受。这座住宅建筑对于夫妇二人而言只能算是个实验性的住宅，“平时我们并不会因为工作的事情发生相互的争持，这也是我第一次亲身感受克劳斯所设计的建筑，我也把它看成是克劳斯送给我的一个礼物吧。”这座住宅建筑竣工已经超过三年了，夫妇二人每次回国都会在这座小型的集装箱中进行“正常生活”，迄今为止还没有听到他们有什么不满意的意见。

*［神宫旁之家］ 设计／费利克斯·克劳斯、今村创平（协助设计）
2007年竣工，该住宅的建筑面积76㎡，为地上4层的钢结构建筑。其位于东京都的青山一带。一层为餐厅和厨房，二层是卧室和浴室，三层是客厅，四层是开阔的空间，最上面是宽阔的屋顶平台。这座10m高的住宅建筑是由不同楼层的空间所构成。

超越家庭、共同生活

* 从位于一层的中央院落向上看。楼梯间和中央院落被包围在L形的空间内

foo——松野勉先生、相泽久美女士的府邸

东麻布是东京都比较著名的街区，您站在东京塔上就可以看得到。在这片地块上，除了高速公路、写字楼、商业设施等水泥预制建筑之外，还残存着一小块幽静待开发的住宅区。“foo”就位于这片住宅小区之中，它是建在一块长方形旗杆地块上的小型住宅。这座住宅建筑隐藏在道路旁的桉树林之中，穿过树林就可以到达这座住宅的大门。当您进入到这座“foo”住宅建筑中，就可以一览这个家庭日常的生活世界。

这座住宅建筑的一层是如同画廊一样的自由空间，而这里被松野先生、相泽女士作为建筑事务所的办公室和会议室，如果在召开会议的时候，这里会摆上会议桌，如果是聚会和举行作品展的时候又会发生空间布局的改变。二层是浴室、卫生间、客房，走廊的南侧展示着各种制作作品，这里也是居住和办公的场所。松野先生、相泽女士的事务所和二层办公的负责人加在一起总共11位人士，另外还需要再加上所养的一只猫。午餐的时候大家会经常围坐在一起，共同商讨并解决难题，彼此间的关系十分融洽，完全没有任何地位尊卑之分。而居住区主要位于这座建筑的三层。墙壁和门将厨房、办公室、客厅、卧室分隔成不同的功能区，如果将空间全部开放布置，就形成了长形的蚂蚁一样的巢穴。由于这座建筑占地面积十分狭窄，所以住宅以外的多余空间几乎没有，全家

*［上］位于三层的客厅。松野先生、相泽女士和办公室的负责人在一起
*［下］从三层的客厅向卧室望去。右侧往里是卧室

人的生活和工作基本上全部限制在这座建筑的空间内。相泽久美女士在设计之前，也曾经设想过："这座建筑虽然可以设计为仅供自家人使用的住宅，但是经过反复的考虑之后，最终还是决定作为商住两用的建筑，将这里作为和可以信赖的同事们共同工作的办公场所。"相泽女士有在美国的高中和大学学习的经历，为此她曾经有过37次搬家的经历。而她的父亲是戏曲作家、母亲是画家，出生在这样的一个家庭中，她从小就知道父母亲的家中总是有很多大人进进出出。这就是相泽女士对"家"的一个基本印象。"在这样一个环境中对孩子的成长其实影响很大，虽然会促使孩子从小就学会如何与人交往和为人处世的方式，但是从我个人成长的过程来看，也还是有很多不尽如人意的地方。平时究竟是谁待在这里，不能只是自己家庭中的成员，也还是需要和外界进行接触。"由于该建筑设立了办公室和公共空间，所以使得在这里工作的人士有时就和一个家庭的成员一样。正是这样一种生活方式，才使得原来属于私人府邸被人们称为了"foo府邸（即：具有变数的府邸）"。

储藏柜并没有安装柜门，可以直接看到放置在柜中的服装、书籍、餐具、吉他和孩子们的照片。建筑物顶棚的结构设计也比较特别，让人感到随意性比较大。整座建筑的结构感觉比较松散，很多设施也处于随意放置的状态之中。就好像居住在这座建筑中已经有一定的年头，再没有什么刚居住时的新鲜感。身处这样一种必然的状态中，在这里和外面人

* [上] 进入一层的玄关就感觉进入到具有传统日式建筑的氛围当中，沿着道路前行眼前的开阔空间是举行聚会的场所，这里和中间院落相连，并和上一层建筑相通
* [下左] 相泽女士
* [下右] 建筑物的外观。该建筑建在一条细长小道的尽头

进行沟通也不会感觉有什么不便的地方。如果重新考虑，无论什么时候，任何人在哪里都应该能够做好相应的事情。任何人都不可能孤立地生存，每天都需要和不同的人打交道，都需要处理各种不同的事务。生活在“foo”中，也不是隐藏在世外桃源之中，每个人也要面临着处理各种棘手和意外的事情。

* [foo] 设计／Life and Shelter（即：生活和住房）会社
2001年竣工，该住宅占地面积89㎡，建筑面积161㎡，为地上3层的钢结构。其位于东京都港区的东麻布地区。在不到30坪（约99㎡）的长方形狭小的地块上建造了这座3层高的建筑，一层为建筑设计事务所和集会空间，二层为编辑和设计师的办公区域、客厅和客房，三层为住宅的主要居住空间。

大家庭生活所具有的包容性

* 这是竣工之时一层西侧一角，可以看到穿堂的立柱。现在这里添加了座椅并改建成为咖啡厅，经常可以看到家长们带着小孩子到此活动

逗子新宿之家——长岛孝一先生的府邸

这座住宅建筑始终不变的就如同小型的电影院，而且也被人们看成是“建筑师的实验性住宅”。这座建筑位于神奈川县逗子市的“CINEMA AMIGO（即：电影院的朋友）”，是可以一边欣赏电影、一边进餐的小型的咖啡厅剧场。作为这座建筑三个经营者之一的长岛源先生是在这座建筑中长大的长岛孝一先生最小的孩子。他的母亲长岛凯萨琳女士和丈夫长岛孝一先生结婚之后，就从威尔士来到了日本定居，并一直在逗子市生活有四十年之久。当初她是和长岛孝一先生在希腊相识并在雅典结婚，1965年来到了当初还是比较贫困的日本。“虽然当初得到的工资要比在雅典少得多，而且当时日本的大米还是采用配给的方式供应，在那样的环境中生存全靠自己个人的努力。尽管当时凯萨琳女士面临着生活的窘境，但是她还是勇敢地迎接着挑战”。

凯萨琳女士在逗子市的长岛家的别墅中拉开了新生活的序幕。这座建筑现在不同于原住宅地块中的旧建筑。原先居住和生活的明治时代日式住宅建筑后来改建成了别墅。这是因为长岛先生一家在后来的生活中，逐渐感到原先的住宅建筑变得拥挤起来。在原来的旧式建筑中生活的13年期间，大女士、双胞胎姐妹、四女儿、大儿子、二儿子

*［上・下］一层咖啡厅。厅里摆放着圆形的大餐桌，全家人可以围坐在大餐桌旁，举行全家人参加的大聚会。现在这里定期还可以放映电影

等六个孩子一一降生了，迫使长岛先生一家要寻找新的住所。作为建筑家的孝一先生和作为城市地理专家的凯萨琳女士，认为伴随着孩子们的成长需要建造一个功能齐全、快乐休闲的大型住宅。而现在凯萨琳女士居住的住宅建筑除了保留原来名称的"CINEMA AMIGO"之外，已经和原来的住宅格局相距甚远。

原来位于一层北侧的厨房，现在已经改建成为咖啡厅。当年特别喜欢厨艺的凯瑟琳女士经常带着孩子们在这里共同作业，这里成为十分热闹的场地。现在冰箱中和食品库中还经常存贮着凯瑟琳女士亲手制作橘皮果酱和果子酒，以及她所收集的各类餐具。现在原来建筑中的两个水池被重新利用，并修建了两个新的水池。原来的两个水池被作为专用的洗涤物品的地方，而两个新的水池则作为烹饪专用的水池。在任何时候，也不会发生使用时的混乱。由于将水池分开使用，所以烹饪的时候使用餐具变得更为方便。餐厅的餐桌也变成了圆形的大餐桌。最大的桌面直径可以达到180cm，可供16人同时进餐。采用这样大的餐桌，在某种程度上也满足了长岛凯瑟琳女士希望有一个能供全家人一同聚餐的场所。"大家围坐在圆桌旁，每个人都可以相互看得到。"凯萨琳女士非常留恋大家共聚在餐桌前的情景，因为家庭中的每一个成员都可以彼此相互交流。餐厅的南侧是一直通透到二层的阳光屋。放置在阳光屋的长凳，是孩子们欢乐的场所。凳子下方的储藏

OPEN

*［上左］从该建筑的西北方向望去。2009年该住宅建筑改建成为名副其实的包含电影院和咖啡厅的“CINEMA AMIGO”综合性建筑

*［上右］从该建筑的西南方向望去。该地块位于逗子市沿海国道的旁边，保留着很多没有砍伐的树木

*［下左］长岛凯萨琳女士

*［下右］从二层可以看到宽阔的阳光屋。放置在一层的长椅供客人们使用

柜可以存储孩子们的日常用品。在灿烂阳光照射下的阳光屋，可以将全家聚集在一起。长岛先生一家快乐生活的态度，透过玻璃墙也感染着附近街区的住户。“由于小孩子们之间很快就相互认识，所以附近街区的住户们也都非常熟悉我。我只要在街道上散步，马上也会成为大街上的一景。”

*［逗子新宿之家］ 设计／长岛孝一

1977年竣工，该住宅占地面积为900㎡，建筑面积为118㎡，为2层木结构的建筑。其位于神奈川县的逗子市。由于长岛家是一个大家庭，所以在原来正房的南侧扩建了一部分的新建筑，并和原来的正房相连。不同于正房为旧式的日式住宅，扩建的新住宅则更注重实用的功能性，并且力求其内部空间的开放和明亮。扩建的一层现在已经改建为电影院和咖啡厅，二层为店铺和合伙人的办公空间。这里已经成为附近居民经常光顾的聚会场所。

催生各种梦想的住宅

* 饱经岁月沧桑的外墙墙壁

松原之家——内藤恒方先生的府邸

这是座催生梦想的建筑。灿烂的阳光直接照射进客厅，木制的内部装饰在阳光的映衬下显得十分庄重典雅，家中院落中的植物在阳光的哺育下生长得格外茂盛。但是内藤婴子却对此笑着说：“夏天的时候实在是太热了。当年建造这座住宅的时候恰好遇到了石油危机，整个社会的物价实在是太高了。而混凝土的造价一下子变成了原先的1.5倍，没有办法只好将原先的设计方案变更为采用木结构的建筑。而后期的门窗等设施的费用花费也相当多，最终的预算结果是原先设想的两倍。”而位于旁边的男主人内藤恒方先生指着屋内的绿植空间说：“您看到没看到在桌子上培育的草莓和柠檬了吗……”啊！这是非常好的早餐食材呀！婴子女士说：“那原先只是一种想法，后来还是决定试一试在家里能否培育成功。”恒方先生认为“要保持室内恒定的温度有一定的困难，因为室内很难适应不同季节温度的自然变化，可以尝试一下是否能种植橄榄树。”婴子女士说：“我正好也希望家里有一片树林，最初是设想种植十颗左右的树木，这样就可以实现梦想了。但是现在只存活了四棵树。平时这里经常需要除虫和浇水养护，实在是太累人了。”尽管话虽如此，但是夫妇二人从来没有停止寻找新的生活乐趣。内藤夫妇看到家中的每一件家具和植物，都会一一说

* [上] 从餐厅往南侧的客厅望去，可以看到开阔的空间和东侧的大门，屋内外种植着充满生机的各种植物。在窗外的院落中，随处可见先辈人种植的日本传统的松树、枫树、紫薇等各类植物树种
* [下] 从厨房看到东侧的桌子和窗外的景色。作者对婴子女士说："这是一个令人十分羡慕的厨房，能在这里生活真是让人感到十分幸福呀！"

出它们背后的故事。内藤家的梦想不仅仅是这些，从他们在这座住宅建筑中开始新的生活起，就催生了无数的生活梦想。但是让人感到不可思议的是，为什么一进入这座住宅建筑，就会让人在瞬间产生出这样多的梦想呢？很多梦想不能只停留在口头上，是需要人们通过自己身体力行的行动去努力，才能够去最终实现的。

内藤恒方先生和婴子女士结婚之后，因为留学就独自一人先去了美国。半年之后，婴子女士也到达了美国。"由于在那里经常被邀请参加各种家庭类的聚会，所以我们也必须进行回请。因此逼得我每天不得不认真钻研厨艺，弄得每天好像都要筹办各种招待会似的。"虽然经常要为此进行操劳，但是当时婴子女士的英语实在不好，所以感到压力很大。乐于接受各种挑战的婴子女士，在美国文化的熏陶下，通过和美国人聚会之间的相互交流，她英语水平和其厨艺一样发生了突飞猛进的变化。回到了日本之后，现在这些都已经成为她人生的非常宝贵的重要财富了。

"松原之家"建于1973年。在美国生活了9年之后，内藤先生回国创立了自己的设计事务所，这座住宅是事务所在成立之初所完成的设计作品。"当时也没有什么资金，无论什么设计全都承接。这座建筑从开始设计到最终完成花费了大约一年的时间。"因为为了不砍伐种植在院落中的树木，所以"松原之家"采用了变形式的平面布局设

* [上左] 位于南侧的种植各类植物的空间场地（即：室内栽植）。根据四季日照的变化规律，采光窗进行了特别的设计。在竣工之初，这里栽培有草莓和柠檬。后来经过一段时间的试种之后，发现了一些问题，现在这里仅种植着橄榄和紫鸭跖草。室内花坛的下方是停车场
* [上右] 站在二层往下面的客厅望去
* [下左] 位于厨房中的内藤婴子女士。喜爱厨艺的婴子女士偏爱用蓝色瓷砖装饰灶台
* [下右] 从中央院落看到的建筑物外观

计。另外在住宅建筑的内部也设置了2坪（约6.6㎡）的种植空间，实现了室内和室外都是亲近植物的绿色环境。这是恒方先生根据多年的学习心得设计了这座不以建筑单体本身作为家庭住宅的建筑，而是营造了住宅建筑和绿色环境之间的相互融合。现在的人们完全可以理解内藤先生的设计理念，可是当年的日本正处于经济的高速成长时期，狂热地追求经济效益和生产最先进的产品，因此这样的住宅设计不可避免地引起了广泛的非议。但是恒方先生始终坚持自己的设计思想，凡是亲眼看到或是从杂志中了解到这座住宅建筑的专业人士，都越来越多地借鉴恒方先生的设计思路。婴子女士在这里开办过厨艺讲堂，并在这里举办过不同主题的聚会，同时还开展过送餐服务，直到现在仍每天忙于各种社会活动。内藤夫妇在美国并没有积攒下来什么财产，全是回到日本之后，通过自己的实干干出来的。当年产生的大大小小的各类梦想，如今已经出新芽并开花结果了。

* [松原之家]　设计 / 内藤恒方

1973年竣工，该住宅占地面积536㎡，建筑面积109㎡，为2层木结构建筑。其位于东京都世田谷区。为了保护院中已经种植多年的树木，该设计方案将建筑物确定为南北方向为细长型、而中心部的东侧又出现膨胀型的凸起，因而整座建筑物为异形的平面布局。南侧的上方设计了箱式的种植空间，可以在室内保持有土壤和绿色。东侧大开口的门窗设计保证了室内和院落的连续性。这是在都市中以景观和环境为主题所建造的实验性住宅建筑。

如同海景房一样的睡梦空间

* 改建后的二层孩子们的卧室

町庭之家——片山和俊先生的府邸

打开玄关的大门，就能听到房间里洋溢着祖孙三代快乐的声音。“町庭之家”从竣工到今天已经超过了十年，现在这座住宅建筑是由片山先生的长子夫妇及其孩子在这里居住，而原先住在这里的片山先生夫妇已经搬到公寓中生活。过去大家都在这里一起生活，而现在这里则成为能聚集全家人在一起的场所。这里现在感觉不到究竟是谁的家，因为居住在这里的成员经常发生流动，往往是在此居住几天之后，再到别处生活几天。原先这里是已经去世的片山夫人绿女士的母亲居住的住宅，后来片山先生在此基础上进行了改建。绿女士说：“我妈妈算是出生于大正年间的女强人吧，过去常常是一边看着电视一边发表着自己的政见”。现在从房间悬挂的老母亲的照片上，她盘腿坐在客厅之中一副不怒自威的神态，仍让人可以感到女强人的威严。这里不仅是家人的居住场所，而且是放松心情的场地，就是到访的客人也和家人一起像猫一样卧在地板上入睡。不仅片山夫人的母亲是这样，就是片山先生的全家也是这样的生活方式。绿女士笑着说：“我们全家人都非常喜欢像猫一样卧着睡觉。”不固定在一个位置和并选择不同的成员，在地板上随意的地方卧睡，这也许就是这个家庭所表现出来的特殊魅力吧。

这座住宅建筑随处都隐藏着各种巧妙的设计。如果您放倒沙发的靠

*［上］从二层向下面的客厅、餐厅望去。左侧往里是玄关
*［下］从玄关向室内望去。客厅的右侧是餐厅和厨房

背，马上就变成了简易的列车卧铺。片山先生笑着介绍说："昨晚我就是睡在这里的"。而折叠式餐桌也可以根据客人及家庭成员的变化，进行桌面大小的调整。其他的家具也可以根据家庭成员的变化随时进行自由组合，绝不会因为成员变化而受到相应地影响。空间的用途也不是一成不变的，也可以根据居住者的舒适感进行空间的变化，甚至可以调整不同空间的使用功能。这就是这座住宅建筑设计得巧妙之所在。

静冈县下田市的田牛地区，有一条入海的小河，这里的海岸线风景宜人。从学生时代开始，片山先生就十分关注这一地段。当时的人们还不太熟悉这片隐藏的海边风光，片山先生当年每逢闲暇的时候，白天就在海边上游玩，夜里就在附近山崖下的洞穴中休息。由于田牛地区的地形、地貌都给片山先生留下了深刻的记忆，因此他以此为样本，片山先生设计了"町庭之家"。在笼式住宅建筑的内部设计了开放式的空间，这两个创意给人以完全耳目一新的印象。片山先生根据自己生活中的体验设计了这座具有可随意组合内部空间的住宅，这座将中院包在其中的"町庭之家"，是一座使人心情舒畅并将住宅和院落合为一体的建筑。中间院落不仅是自己栽植植物的观赏场所，而且在支起帐篷之后就成为举行烧烤的实用场地。如果在天气好的时候，全家人还可以在中央院子里支起餐桌，快乐的一同进餐。这座院落已经成为整座住宅建筑的一个组成部分，其既可以看成是房间的延伸空间，也可以当成是片山先生一

* [上] 看到的中院、客厅、餐厅。开放式的卷帘门窗将内外空间分隔开来，开放式的客厅和院落构成一体化的立体空间，可以作为一个整体进行扫除和整理
* [中左] 住宅建筑的外观，打开大门之后会看到意想不到的宽敞空间
* [下左] 右侧是片山绿女士，旁边是知子女士
* [下右] 沙发后背放倒之后就形成一个简易的床铺

家人的私人海滩。

嫁给长子的知子女士也很快融入进了“町庭之家”的快乐生活。“这里和我的娘家一样，院子坐落在住宅建筑的中央。因此刚来的时候，就感到‘真是太像了’，和娘家住宅建筑的布局几乎一样。”知子女士来了之后，“町庭之家”的风貌也发生了变化。二层进行了改建，为了孩子的安全，楼梯上全部安装了扶手。知子女士的腹中现在已经孕育着片山家新的成员，不久的将来这位新成员就要诞生了。尽管住宅建筑的造型和居住的成员已经发生了变化，但是从大正时期出生的老母亲开始，片山家一代又一代人都生活在同一个屋檐下的地板上，其生活方式依然延续着家族的传统，并一直会永远地传承下去。

* [町庭之家] 设计/片山和俊、DIK设计室、协助：儿岛理志

1999年竣工，该住宅为2层木结构建筑。其位于东京都北区。现在是片山先生的长子一家三口人生活在这里。住宅建筑将庭院包围在了中央，进入玄关后，映入眼帘的是客厅、餐厅、中院构成的宽敞空间。沿着宽敞的客厅旁的走廊往里走，就会看到一个个的房间。

下一次还想生活的住宅

* 从二层玄关出来向下的台阶

重箱住宅——黑川哲郎先生的府邸

为什么这片街区和住宅一点不失欢乐的色彩。从外面看黑川哲郎先生的府邸“重箱住宅”，让人想象不到为什么黑川先生会采用了紫色的铁门和屋顶构造。这座竣工已经超过36年的建筑，尽管当初为了绿树和道路而后缩了一段距离，但是这座住宅依然醒目地矗立在这片住宅区的一角。这座几代人共同生活的住宅，一层是夫人洋子女士父母双亲居住的地方，为了尊重各自的私人空间，在方案设计时就设计了面积大小完全不同的居住空间。一层的室内装饰至今没有任何变化，室内的面积为四个榻榻米大小（约6.6m^2）。二层设计为一个居室，后来根据需要发生了改变。现在基本改造为具有同样大小、没有立柱的箱式空间，不同楼层的箱式空间组合构成了这座住宅建筑。

建筑物的墙外设置有楼梯，直接通向二层的玄关。进入玄关之后，映入眼帘的是客厅和餐厅，其外观色彩采用了原色，厨房周边黄色的书架、红色的沙发靠背、黑色的桌面及不同的楼梯踏面等彰显着和谐的现代主义设计风格。哲郎先生自己尝试设计的室内各种家具至今仍保持着和竣工时一样的状态。大型的箱式家具色彩鲜艳，让人感到一切是那样地充满了生机。客厅地面的高度要比大厅其他地方的地面都要高。洋子女士的父亲是位汉语言的研究学者，他希望在室内能悬挂大挂轴的字画

* [上] 从玄关向客厅、餐厅望去。南侧为开阔的空间，阳光从上层的高窗中照射进室内
* [下左] 玄关空间
* [中右] 从客厅沿着不规则踏板的楼梯登上上一层。这座楼梯是可移动式的，可以安装在其他的位置上。可以看到圆弧形状的横梁，其也构成上层楼层地面的一个组成部分
* [下右] 可以看到客厅、餐厅、厨房

作品。因此一层部分地方的地面上方直接是屋顶顶棚，而其他部分的地面上层是二层。这种经过精心设计的一体化客厅空间布局，以其特殊的韵律展现在人们的面前。

在设计之初，洋子女士的腹中已经孕育了一个即将诞生的女儿。“当时还不能完全想象如何在这里开始具体的生活，也不知道将来会面临一个什么样的情况。”女儿上小学的时候，这里客厅的一部分就作为孩子的房间。孩子上中学的时候，哲郎先生将屋顶的阁楼作为自己的房间进行使用。孩子成为大学生的时候，哲郎先生和女儿的房间进行了互换。再后来只有夫妇二人在此生活，三年前他们将阁楼改建为收藏作品的画廊。在这座箱式混凝土的住宅建筑中，黑川先生一家借用色彩鲜艳的原色家具将房间隔断成不同的功能区，只需变换家具在空间的不同位置，就可以形成新的空间格局。“重箱住宅”的多重式箱式空间布局决定了室内任何场所都没有固定的用途，丝毫不奇怪无论是谁都可以使用，任何方式的組合都有可能性。作为建筑家的哲郎先生在进行设计时，既考虑到住宅建筑内部的不同空间布局，也考虑到建筑物造型和流通空气之间的相互关系。在这座纯粹由混凝土构成的“重箱住宅”建筑中，建筑师仔细考虑了多重空间的不同组合方式，以及在这些多重空间的生活环境和布局。哲郎先生说：“尽管都是在同样的空间内生活，但是设计时必须要考虑日本的生活方式所固有的特点，如被褥、坐垫等物品究竟放

* [上] 厨房。从操作台的侧面可以看到客厅。在设计之初，洋子女士就提出了希望在进行烹饪的时候，也能看到客厅的状况。操作台和调料架配置有序，如同岛屿状分布在不同的空间位置中
* [下左] 黑川洋子女士
* [下右] 住宅建筑的外观。绿色的植物将混凝土建筑全部覆盖，可以看到外部的紫色大门

置在什么地方最合适等诸多问题。”洋子女士在一旁补充说：“在竣工的时候，就要考虑今后可能会面临的各种改装问题。”现在洋子女士还在经常思考那些地方需要进行重新布局。洋子女士曾经做过建筑杂志的编辑，目前在哲郎先生的事务所帮忙，夫妇两个人的话题也经常围绕着建筑等不同主题。目前夫妇二人又筹划将阁楼改装成日洋风格相结合的茶室。从今年3月起，哲郎先生从大学退休。从今以后，哲郎先生要在“重箱住宅”中构筑新的家庭关系，开始退休后的新生活。他现在也在谋划“重箱住宅”下一次改装的目标，和下一次选用的色彩。这就是他们夫妇对待生活的态度，不停地思考自己明日应该进行怎样的生活。

* [重箱住宅] 1995年　设计/黑川哲郎

1975年竣工，该住宅占地面积190㎡、建筑面积151㎡，为地上2层的钢筋混凝土结构。其位于东京都武藏野市，设计目标是为几代人共同居住的别墅型住宅建筑，二层部分为黑川先生的府邸。该建筑采用墙壁式构造作为承重的骨架结构，在主体结构的框架下分隔成多样的内部空间，可以根据自己的意愿进行内部空间的自由变换。迄今为止，这座住宅建筑已经进行了四次改建和装修。

逆境之中展魅力

* 从二层往下看楼梯

国立之家——田中敏溥先生的府邸

不放弃自己最初的设想，矢志不渝地坚定自己的目标，寻找开启成功之路的大门。这是田中敏溥先生在建造“国立之家”的自家住宅时所坚持的一个原则。“国立之家”并没有宽敞的院落，在设计之初敏溥先生就设想借用邻近街区的景观作为自家院子的景色。这座住宅于1995年竣工，当时田中先生的长子为大学生、长女为高中三年级的学生，两个孩子都已经接近自立的成年阶段了。由于孩子们在国立市生活的机会不多，并且考虑到十多年后都会各自成家居住到别的地方，所以敏溥先生决定将自家的住宅就建在这座城镇中。但是经过反复地寻找才选中了这片地块，由于这片地块的面积只有24坪（约79m²），当时家里人不由得吃惊道：“真是要在这里盖房子吗？”

这座住宅的外观没有任何特别之处，整座建筑全部被绿色所包围。作者本人到达这里的时候，敏溥先生的夫人弘女士从走廊出来迎接客人。走廊的尽头是木制的拉门，旁边放置着陶质的伞架，标志着这里就是玄关。大门外是通向外侧的走廊，鞋柜也设置在屋外。弘女士笑着说：“我们家是没有门厅的。”为什么采用这样的走廊和大门的设计，后来敏溥先生一一进行了说明。这是由于占地面积实在有限，所以采用这种没有玄关的设计也是没有办法的事情，这也是这座住宅建筑之所以具有

*［上］从餐厅向客厅望去。左侧的椅子下方是可以存贮物品的抽屉

*［下］坐在客厅的椅子上向对面望去，可以看到的存储柜。这是由敏溥先生亲自设计的长椅和齐腰高的水平存储柜

魅力的一个重要之处。

沿着小型螺旋式的楼梯向上就来到了二层的客厅，作者本人不由得惊讶地发出“哇”的一声。作者看到和墙壁同样材料装饰的三角形屋顶及顶棚下面设计有一个飘窗，往上看可以看到钢铁材质的银色横梁。整个客厅是没有任何立柱，构成了一个无立柱的生动空间。原先那种狭小之家的印象已经荡然无存。通过楼层、楼梯等建筑要素的演绎，使空间发生了戏剧般的变化，绝妙的顶棚设计打消了水平面积的限制，视野之内整个空间设置让人感到十分惬意，身处此地一切不快都会马上烟消云散。这座一体化的空间结构，各种物品的摆放得井井有条。大开窗的玻璃设计，使得室内显得更加明亮。喜欢在酒桌上和人交流的敏溥先生可以在这里举行大型的招待会，敏溥先生说：“假如招呼三十多人到这里来聚会可能会太拥挤了，但是如果只邀请十来个人聚会还是比较合适的。这客厅对于容纳十来位客人再加上家里的四口人来说，空间是绰绰有余的。”弘女士说，“国立之家”从建成之后，就没有停止过招待来自各方的客人。

来到这里，会让人不由自主地想仔细欣赏一下这如同绘画作品一样的客厅和餐厅，在这里人们有足够的伸展空间。敏溥先生指着餐桌说：“这是我们家唯一的奢侈品。”原来制作这个餐桌的木材是在木材商店中挑选的用产自青森县的扁柏材料制作的。“全家人还是在这里的时间

* [上左] 位于一层的卧室。可以通过拉门和拉窗调节室内光线和视野
* [上右] 地下的一角为敏溥先生的作业空间
* [下左] 田中弘女士
* [下右] 从外面可以看到门廊。脚下铺的具有质感的大谷石的地面，给人感觉这里就是玄关

最多，除了在这里吃饭之外，还在这里的电脑桌前进行工作，有时还要在这里看书。”虽然经常在餐厅里举行各种各样的活动，但是这里的各种物品却整理得有条不紊，这主要是放置在墙壁旁边的一组齐腰高的水平存储柜的功劳。透过铝合金的玻璃窗户，街区的景致也可以尽收眼底。弘女士仍在不停地说：“建造住宅对于一个家庭而言，是件十分重要的大事情。尽管我们事先考虑了很多假设，但是现在仍然感到平时买东西似乎有些不太方便”。并且有时敏溥先生会在这里招待相关项目的负责人，很多的人同时聚集在这个空间内，也还是有转不开身的时候。但是无论怎么说，这座住宅建筑所展现的魅力让人记忆深刻。

* [国立之家] 设计/田中敏溥

1995竣工，该住宅占地面积78㎡，为地下1层、地上2层的木结构（一部分为钢筋混凝土结构）建筑。其位于东京都国立市。由于严格的建筑法规等条件的限制，敏溥先生设计了这座具有成员居室、独立会客厅、幽静书房、储存空间、规划中的院落（绿色环境）、与邻家和谐、经济适用等七个限制条件的住宅建筑。整座建筑尽可能地采用成型的建筑构件，尤其开口处的设计更加凸显空间的质感。

试验性的住宅建筑

* 从一层通往三层的楼梯。红色的纤细扶手设计会给人留下很深的印象

1×1/2×2——川岛茂先生、铃鹿美穗女士的府邸

沿着秋叶原和上野之间繁华街道前行就是位于市中心的下町，人们可以将这里可以看成是台东区的一个孤岛。川岛夫妇在搬到这里之前，一直居住在关西地区。结婚之后，由于川岛先生主要业务活动逐渐迁移到东京地区，所以从便于开展工作的角度出发，川岛先生仔细考察了周边的环境，最终确定了现在的地块，并决定在此建造属于自己的住宅。在第一次到这片地区考察的时候，川岛先生就已经目标明确地确认就在这里寻找合适的地段。一次偶然的机会，川岛先生在前往鸟越神社祭祀的时候，发现了这片非常宁静的下町地区，这里给他留下了很好的印象。而这片街区的外面世界是人声鼎沸，十分热闹。“就是这了！”川岛先生在靠近这里的公寓居住有三年之久，在这期间他一直在附近寻找合适的建造自家住宅的土地。“当时这个地区一两个月才会成交一桩交易。我一直等待着合适的土地出让机会，并且自己已经开始筹划住宅的格局，并制作出相应的模型，一直希望能早日建造这座属于自己的住宅建筑。”这片位于市中心的小区是当年为之可数的几个免遭战火袭击的场所，每块土地划分的大小为10坪（约33m²）左右。标准的设置应该是门口处需要2间大小的面积，而进深则需要5、6间大小的面积。自己心仪的地块经过多年不懈的努力，终于购买成功。下町地区自大正时期开始就

* 位于二层的客厅。再往里是厨房，厨房上方的楼层是卧室。而上一楼层正好被分成了面积相等的两个功能区，而其下方的二层有储藏物品的空间，而人员的活动都被巧妙地分散到其他的楼层

陆续建造了各类住宅和小型的工厂，除此之外再没有建造过其他类型的建筑，因此整个街区的风貌完全是传统城镇的景致。“对于年轻的夫妇而言，这片地区就如同一潭静水。”最初川岛先生是借参加鸟越神社的祭祀活动而相中了这片街区，而和川岛先生一样到这里入住的外来人士也在日趋增加。这片处于现代城市中心地段的下町地区，正越来越受到现代社会时尚风潮的猛烈冲击。

夫妇二人在开设自己事务所的同时，也在家里抚育孩子成长。去年他们对这座原先不保温的住宅进行了改造。“当初由于资金紧张，没有选用保温材料，结果造成冬天的时候特别寒冷。”这座住宅建筑刚竣工的时候，只是在混凝土浇筑的外墙上涂覆了一层如墨汁一样的涂料。“除了涂覆墨色的涂料之外，当时也考虑过涂覆茶色或紫色的涂料。但是任何涂料都会和墙体发生碱骨料的反应，颜色也会发生相应地变化。”在钢筋混凝土外观结构完成之后，就开始了住宅的内部建设。“不管内部进行怎样地建设，其最终都是自己居住的住宅。别人看来是很好的事情，可能对于自己来说未必就会那么合适。必要时也需要进行改变以适应自己家的实际情况，一切都需要做好充分的准备工作。”也正是川岛先生一直保持好奇的心态，才会对生活和工作的空间环境的建设充满着激情。但是作为当家人还是有一丝的不安，“由于预算的资金并不是特别的充裕，尽管很多认为是很好的设想，但是从兼顾建造住宅和抚养孩

*［上左］住宅建筑的外观。一层大开口的玻璃门窗设计，使事务所的办公空间和街区融为一体

*［上右］可以看到位于玄关背后的事务所。再往里是事务所的大门和其工作的空间

*［下］位于二层的客厅，铃鹿美穗女士、丈夫川岛茂先生正在陪女儿千幸小姐一起在玩耍

子的双重要素考虑，当初并不是所有的设想都马上实现了。”

进入大开口的玻璃大门之后，就来到了一层事务所的办公区域。街上的行人可能不会想到在房间内办公的人士可以随时看到外面街区的景象。川岛先生夫妇二人在这片陌生的土地上扎根生活已经超过六年了，并且在这里还开设了属于自己的建筑设计事务所。这座可能会出现各种试验性错误的“1×1/2×2”住宅建成之后，他们夫妇二人就入住进来，而在此诞生的千幸小姐如今也已经满六岁了。平时千幸小姐在自家的门前玩耍，有时也会和趴在邻居家房上的猫对话，总之这里成为千幸小姐快乐生活的场所。由于整座住宅建筑和附近的街区连接在一起，家长们在室内就可以观察到千幸小姐在街区上玩耍的身影，所以可以说这座住宅建筑实现了和街区的无缝对接。

*［1×1/2×2］ 设计／川岛铃鹿建筑规划

2003年竣工，该住宅占地面积39㎡，建筑面积95㎡，为地上3层的钢筋混凝土结构建筑。其位于东京都台东区。在如此狭小的地块上建造了体量高达10m的建筑，其上半部分为住宅居室，下半部分为事务所的办公区域。这座建筑除了纵向被两等分之外，横向也进行了两等分并附加了楼层。标题中的“1”表示一个平面分成了“1/2”楼层，构成了“2”个相应的空间。

开放街区的宽敞之家

* 交汇在屋顶上的斜梁，可以看出是钢质的材料

随机之家——山中新太郎先生的府邸

坐落在住宅街区的各家住宅建筑，就如同一座座具有跳跃感的多面体。在每片不大地块上建成的住宅建筑，虽然各自张扬着自己的特性，但是又和整个街区的风貌相协调。

生活在“随机之家”的山中先生夫妇在小学生的时期就是同一年级的同学，长大成人以后他们有机会再次相遇，他们后来恋爱结婚走到了一起。夫人麻衣子女士至今还记得当年还是小孩子的新太郎曾经夸下海口：“我将来要成为一个建筑家，还要负责整个城市的规划设计。”麻衣子女士笑着说：“先生当年虽然非常强势，但是我认为只不过是他在小姑娘面前所说的一句逞能的话。”在孩提时代就彼此非常了解的夫妇二人，现在两人之间说话也是直截了当。当麻衣子女士表示出“希望有一个属于自己的住宅”时，新太郎先生心中就开始谋划“随机之家”的蓝图了。“既然先生已经同意建造属于自己的住宅，那么我就很自然地相信这不同于普通的住宅，一定是能显示出先生专业的设计水准的建筑。我也相信先生也会将各种因素考虑进去，这座住宅建筑肯定会有很多与众不同的地方。所以我也一直以高兴的心情期待着这一天的早日来到。”

结婚之后山中先生夫妇曾经在公寓里租房子生活，在不断地支付房租的过程中，夫妇二人也在积极寻找合适的地块。在决定寻找合适的

* [上] 从客厅向楼上望去。可以看到异形多边形的大开口的玻璃窗，放射状的钢架给人以强烈的视觉冲击，让人感到空间比实际的要大很多
* [下] 可以看见位于三层厨房旁边的餐厅、客厅

地块建造属于自己的住宅之后，夫妇二人开始筹划自家住宅的设计方案，期待着竣工的那一天早日到来。在这个等待的期间里，他们夫妇还相互在自己的父母家生活过。尽管夫妇二人一直保持着乐观的心态，但是新太郎先生总是被繁忙的工作所缠绕。从确定地块到住宅最后竣工整整经历了两年的时间，而新太郎在这期间也只是忙里偷闲地完成了自家府邸的设计方案。新太郎先生说："因为在很长的时间里，对拥有属于自己的住宅有过各种各样的设想。当终于确定是给自己设计住宅的时候，这时候心中早已经有了基本的方案了。"麻衣子女士却面无表情地接着说："虽然我们两人小孩子的时候就相识，但是经过长时间的分别后再次相会时，看见他还是充满着朝气的样子，那时候我心里的安全感特别强。"当时夫妇二人第一次看到这个地块的时候，麻衣子女士丝毫不掩饰她是吃惊地看到地块是如此小。而新太郎安慰她说："房屋在建造前后，地块给人的印象会差距相当大的。"虽然麻衣子女士相信先生所说的一切，但是这块地块上的建筑物会最终产生一个怎样的变化，自己心中还是没有把握。麻衣子女士坚信新太郎先生所说的一切。新太郎先生苦笑着说："在设计之初，我曾经仔细考虑过住宅建筑的未来效果是什么样的空间结构，后来最终决定只能一个楼层为一居室的空间效果最好。在这样面积上进行设计，也只能让卫生间等附属设施做出牺牲了。"麻衣子女士并没有提出什么过多的要求，只是希望建在这个地块

*［上左］从阁楼上向外看
*［上右］从二层通往三层的楼梯。二层的浴室、卫生间、卧室布局十分紧凑。三层则是宽敞的开阔空间
*［中左］新太郎先生和长女真矢小姐 *［下左］在厨房里的山中麻衣子女士
*［下右］住宅建筑的外观。从一层可以进入到半地下的新太郎先生的设计事务所。右侧的楼梯和通向住宅的大门

上的建筑要和外部的街区风貌相融合。在可能的情况下，住宅建筑要尽可能地彰显出与众不同的特色。

承载着整座建筑的各个钢架上，还覆盖着宽度为50mm的钢板。“随意之家”的整体结构就如同一把张开了的大伞，而钢架就是支撑整座建筑构造的伞骨。这座住宅建筑的一层为新太郎先生的设计事务所，沿着其旁边的台阶上去就可以达到住宅的玄关。这一层布置有自来水管线，再往上是这座建筑的主要楼层即客厅。大型的玻璃窗一直通向阁楼，使这里的空间显得非常开阔和宽敞，光线透过玻璃窗直接照亮室内，使整个内部空间充满着开放式的氛围。正如新太郎先生所言，这是这座建筑最具开放性的场所，但是令人感到吃惊的是如此小的地块上，难以想象到能营造出这样的空间格局。虽然住宅的占地面积并没有扩展，但是却建成了如此宽敞的空间建筑。这就是富有想象力的建筑师和新太郎的热情相结合，再加上麻衣子女士的乐观与期待，才创造出这样充满魅力的“随意之家”。

*［随意之家］ 设计／山中新太郎
2006年竣工，该住宅为地上3层的钢结构（一部分为钢筋混凝土结构）建筑。其位于东京都品川区。住宅建筑的占地面积不满15坪（49.5㎡），地块形状为异形的四边形。由于受到相邻建筑采光条件的限制，整座建筑需要沿三个方向进行体量限制，好像在这三个方向上都被削去了一部分。同时还要求住宅建筑物的外观要符合周边环境的风貌。钢架构成的桁架斜撑着这座建筑，其外侧还覆盖着宽为50mm的钢板。桁架之间安装着大型的玻璃窗，沿着阶梯到达上层，可以看到一个完全超出想象的宽敞的物理空间。

包在其中的改建之家

* 一层事务所的入口处。白色玻璃钢墙壁的内部是通往二层的外部楼梯

KCH——河内一泰先生的府邸

这座建成多年的住宅建筑位于东京都杂司谷地区的住宅小区里，其半透明建筑材料所构成的圆形造型在这片小区非常醒目。这座河内一泰先生的府邸作为住宅建筑已经竣工超过了三十年了，后来经过翻修改建使其成为事务所和住宅合用的商住两用建筑。原先河内先生居住在公寓中狭窄的住宅单元中，后来才买地并购入了属于自己的住宅，并在原来的基础上进行了改建。作为年轻的建筑家在城市中能购得一座属于自己的独门独户住宅，是件十分不容易的事情，因而对住宅的改建工程要求很严。为了实施改建工程，河内一泰先生对"KCH"住宅提出了内容完善、预算合理的改造方案。

从购进这座住宅到搬进去入住的这段时间里，他的女儿诗小姐出生了。一泰先生平时在工作之余，都要亲自到现场参与工程的监督。在工程施工的过程中，一泰先生不停地修正自己设计方案，并亲自指导地面和墙壁的施工，研讨各部位的材料选用是否合适。正是由于他全身心地投入住宅的改建工程，才使得这座建筑在设计方案出台的半年之后终于完成了全部的改造工程。这座建筑的翻建工程困难很大，施工难度如同进行土方施工一般，任何改建过程都十分慎重，就如同对待人身体上的器官一样。他的夫人真菜女士回忆当时的情景说："曾经有两周的时间

*［上・下］从外部的楼梯可以进入二层的玄关，能够看到客厅、餐厅、厨房。光线可以透过外装的玻璃钢墙壁。透过玻璃地板能看到在下面事务所工作的一泰先生的身影

没干别的，整天都是在进行土方作业。”当年不仅是一泰先生亲自到现场监督工程的进展，当时很多的亲戚也帮忙参与改建工程的相关工作。最终在没有突破预算的情况下，这座充满激情的“KCH”住宅的改建工程终于大功告成了，全家人也顺利地入住进来。

由于一边施工一边修正设计方案，因此一些地方又出现了反复的现象。现在在这座建筑中，依然可以在很多地方可以找到多次施工的痕迹。现在二层客厅的地面铺设的是正方形的玻璃地板，这和原来设计方案完全不一样了。这是在施工的过程中，上一楼层所预备的建材出现了短缺。由于地面的框架已经完成，究竟铺设什么材料才能填补框架上的窟窿呢？“当时各种意见都有，但是为了隔音效果好，所以才临时决定铺设玻璃地板”。现在客厅和一层的事务所透过玻璃地板彼此相互都可以看得到，这也是事务所兼住宅的“KCH”所展现出的不同于一般商住两用建筑的特殊魅力吧。还有部分立柱中间的材料由于有空洞，填充进去了增强材料，现在还残留着凹凸不平的痕迹。整个建筑全部用白色的涂料涂覆，这种体现现代主义风格的白色不同于漂白或褪色的白，而是显示出一种赏心悦目的柔和白色调。这座融入古老街区的白色建筑，让人感到轻松和安逸。

原来的住宅为两层的建筑，第三层是一泰先生新扩建的一层。和周边的建筑物高度相比并不算高，站在平台上可以遥望东京的天空。作者请

* [上左] 住宅建筑的外观。白色玻璃钢墙壁将原有的建筑物好似包裹起来。一层是一泰先生的设计事务所
* [上右] 原先只有通过楼梯间才能到达三层，现在三层扩建成了卧室和平台。站在平台上可以一览周边的景色。在天气好的时候，这里似乎也可以作为客房
* [下左] 真莱女士和长女诗小姐
* [下右] 浴室

教一泰先生在这片还有着很多传统建筑的街区里，为什么进行这种颇具创新性的设计。“KCH”改造前的住宅和其他建筑一样，在建后的几十年里，由于岁月的沧桑，许多建筑都会变得老朽。“我之所以这样做，就是期望能对这片街区的旧建筑住宅改造能起到一种引领示范的效果。”以这一街区作为基地的建筑家河内先生，想以三十多岁年轻人的生活方式，通过自己的“KCH”住宅成功改造的实例，为这片街区的住宅改建和扩建能起到一种推动的作用。他期望通过自己住宅改建成功的实例，能够潜移默化地推动整片街区住宅的现代化改造工作，也为这片街区吹进现代生活的新气息。

当他们住进这座住宅之后，街区上的很多人都对一泰先生说：“呀！你们把这座住宅完全翻建成了新建筑啦。”每当听到这样赞美的声音时，真莱女士总是回答道：“是的，我认为现在这样其实也真是还不错呀。”这个将老朽的木结构住宅建筑改建成现在这样的状态，完全可以列为一个将住宅扩建改造的成功案例。

* [KCH]　设计／河内一泰

2009年竣工，该住宅建筑面积89㎡，为地上3层的木结构建筑。在原来的木结构住宅外部翻建包覆了一周外墙，然后在对原来的建筑进行拆建和翻修，最终改建成现在状态的住宅建筑。河内先生积极参与改建工程的每一过程。这座住宅建筑的一层为设计事务所，二层和三层则用作家庭的住宅。

建筑家的简历

清家清 Seike Kiyoshi

1918年出生于京都市。1941年毕业于东京美术学校（即现在的东京艺术大学），1943年毕业于东京工业大学。曾参加过太平洋战争，担任过海军技术见习尉官、中尉、大尉，海军兵役教官。复员后，担任过东京工业大学助理、讲师、助理教授，1962年晋升教授，1977年兼任东京艺术大学教授。1979年卸任东京工业大学教授，改聘为该大学的名誉教授。1991年至1997年担任札幌市市立高等专门学校校长。2005年去世。

桢文彦 Maki Fumihiko

1928年出生于东京。1952年毕业于东京大学工学部建筑学专业。1953年赴美留学，在克兰布鲁克艺术学院进修硕士课程，1954年在哈佛大学研究生院进修建筑学硕士课程,1956年至1961年在华盛顿大学任教，1962年至1965年在哈佛大学执掌教鞭。1965年创立桢综合规划事务所。1979年至1989年任东京大学工学部建筑学学科教授。主要获奖奖项有“普利兹克奖”、“高松宫殿下纪念世界文化奖”等，主要设计作品有“螺旋”、“山坡露台”、“幕张博览会”、“风之丘葬祭场”等。

菊竹清训 Kiyonori Kiyonori

1928年出生于福冈县。毕业于早稻田大学理工学部建筑学专业。先后于1950年在竹中工务店、1952年在野村·森建筑设计事务所工作。1953年创立了菊竹清训建筑设计事务所。通过其所出版的著作《代谢建筑论：结果、造型、形态》（1969年），提出了“塔状城市”、“海上城市”的构想，提倡并推进城市和建筑循环更新体系的“新陈代谢运动”。其代表作品有“出云大社厅舍”、“江户东京博物馆”等，主要获奖有“日本建筑学会奖作品奖”、“旭日中绶章受章”等。

东孝光 Azuma Takamitsu

1933年出生于大阪市。从大阪大学工学部建筑工学专业毕业之后，曾在邮政省建筑部的坂仓准三建筑研究所工作。1966年其主持设计的“塔之家”项目竣工，同年创立了东孝光建筑研究所。1985年担任大阪大学工学部环境工学学科的教授。后来其事务所更名为“东环境·建筑研究所”，该所的法人改由其长女东孝利惠女士担任。1997年担任大阪大学的名誉教授，同时聘任千叶工业大学工业设计学科教授。2003年后辞去千叶工业大学的教授。

吉田研介　Yoshida Kensuke

1938年出生于东京。1962年毕业于早稻田大学第一理工学部建筑学专业。1962年至1964年在竹中工务店工作，1964年至1966年在早稻田大学研究生院理工学研究学科进修建筑工学。1967年创办吉田研介建筑设计室，同年开始在东海大学建筑学学科任讲师、助理教授，1985年晋升教授。2004年后卸任东海大学教授，专心从事设计工作。

益子义弘　Masuko Yoshihiro

1940年出生于东京都。1964年毕业于东京艺术大学美术学部建筑学专业。1966年在东京艺术大学研究生院进修完硕士课程之后，在该大学吉村研究所工作。于1973年创立了MIDI综合设计研究所，并于1976年和永田昌民一起创建M&N设计。1984年担任东京艺术大学美术学部助理教授，1989年晋升教授。2007年卸任东京艺术大学教授，改任东京艺术大学名誉教授，现在参与该大学的指导工作，并参与益子工作室的设计活动。

永田昌民　Nagata Masahito

1941年出生于大阪府。1967年毕业于东京艺术大学美术学部建筑学专业，1968年在该大学美术学部建筑学科（吉村顺三研究室）学习完硕士课程。1969年至1973年在该大学美术学部建筑学科奥村昭雄研究室工作，参加爱知艺术大学大学校园的规划设计工作。1976年和益子义弘共同创建M&N设计室，1986年该设计室改称为N设计室。2013年去世。

野泽正光　Nozawa Masamitsu

1944年出生于东京。1968年毕业于东京艺术大学美术学部建筑学专业，同年进入大高建筑设计事务所工作。1974年创立野泽正光建筑工作室，通过规划设计住宅、公共设施、写字楼等建筑，实现其和周边环境的自然协调和可持续发展。他的代表作品有“岩村和夫画本美术馆”、“东京都立川市新厅舍”等。

藤森照信　Fujimori Terunobu

1946年出生于长野县。是建筑学家和建筑史学家，毕业于东北大学工学部，为东京大学研究生院的硕士。1985年担任东京大学助理教授，1986年创立了路上观学会，1991年主持“神长官守矢资料馆”设计，1998年担任东京大学教授，2010年卸任并担任东京大学名誉教授。2010年至2014年担任该大学研究生院教授。2001年其“熊本县县立农业大学学生寮”的设计荣获日本建筑学会奖，2006年曾担任“第十届威尼斯·双年展建筑展日本馆”的设计委员。

内藤广 Naito Hiroshi

1950年出生于神奈川县。1976年完成早稻田大学研究生院硕士课程学业，后在费尔南多·伊格拉斯建筑设计事务所（西班牙马德里）、菊竹清训建筑设计事务所工作，1981年设立内藤广建筑设计事务所。2001年至2011年担任东京大学研究生院教授、副院长，现在为东京大学名誉教授兼总长室顾问。他的代表作品有“海的博物馆”、“安云野千寻美术馆”、“牧野富太郎纪念馆”、“岛根县艺术文化中心”等获奖作品。

手塚贵晴 Tezuka Takaharu + 手塚由比 Tezuka Yui

手塚贵晴于1964年出生在东京。1987年毕业于武藏工业大学建筑学专业，后赴美国宾夕法尼亚大学研究生院学习，曾在R·罗杰斯的合作公司工作。手塚由比于1969年出生在神奈川县。1992年从武藏工业大学建筑学专业毕业之后，于1992年至1993年在伦敦大学巴特利特校区留学。1994年手塚贵晴和手塚由比共同创立手塚建筑规划（现在更名为手塚建筑研究所），他们的代表作有“屋顶之家”、“富士幼儿园”等。

马场正尊 Baba Masataka

1968年出生于佐贺县伊万里市。1994年早稻田大学研究生院完成学业，进入到博报堂工作。1998年创办“A”杂志。2001年进入早稻田大学研究生院建筑学部建筑学学科学习博士课程，因为到了最长修读年限而退学。2003年创立Open A。并经常撰写建筑设计、城市规划的文章。2008年担任东北艺术工科大学建筑·环境设计学科准教授。他的主要作品有“观月桥团地再生规划”、“TABLOID”等，主要主持项目有“东京R不动产”等。

保坂猛 Hosaka Takeshi

1975年出生于山梨县。1999年毕业于横滨国立大学建筑学学科建筑学专业，同年在学校期间和他人共同创立“建筑设计SPEED STUDIO”，并主持全面工作。2001年在横滨国立大学研究生院完成硕士课程学业。2004年设立保坂猛建筑都市设计事务所，同年担任国土馆大学兼职讲师。主要获奖作品有“2008年东京建筑师协会住宅建筑奖”、“AR Award 2009”等，其代表作品为“河口湖町的乡土料理店”、“室内和室外之家”、“水户的住宅”、“丙烯酸酯房子”等。

竹山实 Takeyama Minoru

1934年出生于北海道的札幌。1958年毕业于早稻田大学研究生院工学学科，1960年从哈佛大学研究生院毕业。1959年至1962年赴美，曾在野口勇工作室工作。1962年至1964年赴欧，在约翰・伍重、阿诺・雅各布森事务所工作。1965年回国，创立竹山实建筑综合研究所。1965年至1975年担任武藏野美术大学助理教授，1976年至2004年担任该大学教授。现在为武藏野美术大学名誉教授，其代表作有“一番馆”、“晴海客船客运大楼”等。

室伏次郎　Murofushi Jiro

1940年出生于东京。1963年毕业于早稻田大学理工学部建筑学专业。1963年至1971年在坂仓准三建筑研究所就职，期间曾在神奈川县县立近代美术馆新馆、泰国农业工业高等学校参与25所学校的设计管理工作。1971和他人合作创立ARCHIVISION建筑研究所，1975年创立奥特建筑研究所，1984年设立奥特工作室。1994年担任神奈川大学工学部建筑学学科教授，2009年担任该大学特任教授。

六角鬼丈　Rokkaku Kijo

1941年出生于东京。1965年从东京艺术大学美术学部建筑学科毕业之后，进入到矶崎新工作室就职。1969年开设六角鬼丈规划工作室。1991年担任东京艺术大学美术学部建筑学学科教授，2009年卸任。他的主要代表作有“杂创的森学园”、“金光教福冈高宫教会”、“东京武道馆”等。主要获奖为“吉田五十八奖”、“日本建筑学会奖作品奖”等。其祖父・紫水先生、父亲・大壤先生都是漆工艺大师。

椎名英三　Shiina Eizo

1945年出生于东京。1967年从日本大学理工学部建筑学专业毕业之后，在日本大学小林文次研究室做了一年的研究生。1968年进入大高建筑设计事务所宫胁檀建筑研究室工作。1976年创立一级建筑师事务所椎名英三建筑设计事务所。2010年其“遥望宇宙之家”获得“第九届日本建筑家协会25年奖”，“IRONHOUSE”则获得“日本建筑学会作品奖”。曾兼任过昭和女子大学讲师等职。

难波和彦　Namba Kazuhiko

1947年出生于大阪。1969年毕业于东京大学建筑学专业，1974年完成东京大学研究生院博士课程学业。1977年设立界工作室。2003年担任东京大学研究生院工学系研究科建筑学教授，2010年改任东京大学名誉教授。他设计了“箱式之家”系列作品，其所参与设计的公共设施、住宿设施、无印良品公司的“MUJI MOUSE”等建筑中，都具体体现了“箱式之家”的结构多样性、工业化特性、商业化特性、可持续发展的研究成果。

横河健 Yokogawa Ke

1948年出生。1972年毕业于日本大学艺术学部美术学专业。1972年至1976年在黑川雅之建筑设计事务所工作。1976年和他人创立设计事务所克莱森协会（共同主持），1982年建立横河设计工作室。2003年至2014年担任日本大学理工学部教授。主要代表作品有“玻璃房”、“CESS・埼玉县环境科学国际中心”、“东大唐纳德・麦当劳之家”等，主要获奖为“日本建筑学会奖作品奖”、“日本建筑家协会奖”等。

北山恒 Kitayama Ko

1950年出生。在横滨国立大学研究生院完成硕士课程学业。1978年与他人成立作业室（共同主持）。1995年担任横滨国立大学助理教授，同年主持创立architecture WORKSHOP。2001年晋升横滨国立大学教授，现在担任横滨国立大学研究生院Y-GSA教授。2010年担任“第十二届威尼斯・双年展国际建筑展日本馆”的设计委员。主要获奖为“日本建筑学会奖”、“日本建筑家协会奖”等。

古谷诚章 Furuya Nobuaki

1955年出生于东京都。1980年完成在早稻田大学研究生院的学业。1983年在早稻田大学理工学部担任助理，1986年担任近畿大学工学部讲师，1986年以文化厅艺术家在外研究员的身份派驻瑞士马里奥・博塔事务所进修。1990年至1994年担任近畿大学工学部助理教授。1994年与他人合作建立纳斯卡工作室（现为NASCA）。1994年至1997年担任早稻田大学理工学部建筑学学科助理教授，1997年晋升早稻田大学教授。他的代表作有“诗和童话图画馆”、“柳濑嵩纪念馆”等获奖作品。

堀越英嗣 Horikoshi Hidetsugu

1953年出生于东京。1976年毕业于东京艺术大学美术学部建筑学专业，1978年完成该大学研究生院的学业。1978年进入丹下健三・城市・建筑设计研究所。1986年至2005年在“Architect Five”工作，2005年创立了“堀越英嗣ARCHITEDT 5”。2004年担任芝浦工业大学工学部建筑学学科教授。他的代表作品有“鸟取花卉公园”、“MOERE沼公园（和野口勇共同设计）”等，主要获奖为“日本建筑学会奖（业绩）”等。

曼努埃尔·塔尔迪茨 Manuel Tardist）+加茂纪和子 Kamo Kiwako

曼努埃尔·塔尔迪茨于1959年出生在法国巴黎，1988年完成东京大学研究生院的硕士课程学业。加茂纪和子于1962年出生在福冈县，1987年完成东京工业大学的硕士课程学业。曼努埃尔·塔尔迪茨、加茂纪和子和曾我部昌史、竹内昌义组成“橘子组”团队，于1995年共同完成了“NHK长野广播会馆”的建筑设计工作。他们这个团队的设计范围很广，主要进行住宅、学校、商业设施等的建筑设计工作，同时也承接家具、艺术项目的设计工作。

堀场弘 Horiba Hiroshi+工藤和美 Kudo Kazumi

堀场弘于1960年出生在东京都，1986年完成东京大学研究生院硕士课程的学业，2004年被聘为东京都市大学客座教授。工藤和美于1960年出生在福冈市，1991年完成东京大学研究生院博士课程的学业，2002年担任东洋大学的教授。堀场弘和工藤和美于1986年共同设立“COELACANTH（即：空棘鱼）”，1998年改为“COELACANTH K&H”。他们的代表作有“千叶市立打濑小学校”、“金泽海未来图书馆”等，主要获奖为“日本建筑学会奖作品奖”、“日本建筑家协会奖”。

小泉雅生 Koizumi Masao

1963年出生。1986年毕业于东京大学工学部建筑学专业，1988年完成东京大学研究生院硕士课程的学业。1986年参与创立“COELACANTH（即：空棘鱼）”。2001年担任东京都立大学（现为首都大学东京）助理教授，现在担任该大学的教授、工学博士。他的府邸“明日之家”的设计荣获“可持续发展奖国土交通大臣奖”、“日本建筑学会作品选奖”、“JIA环境建筑奖优秀奖”等奖项。

塚本由晴 Tsukamoto Yoshiharu+贝岛桃代 Kaijima Momoyo

塚本由晴于1965年出生在神奈川县，1987年毕业于东京工业大学工学部建筑学专业。贝岛桃代于1969年出生在东京都，1991年毕业于日本女子大学住居专业。塚本由晴和贝岛桃代于1992年创立“犬吠工作室”，他们完成的“家和犬吠工作室”荣获“2007年度好设计奖”。“安仁屋”、“GAE楼”等住宅作品设计均在国内外的展览会上展出，并且二人的著作颇丰，他们夫妇具有很强的社会活动能力。

费利克斯·克劳斯 Felix Claus+吉良森子 Kira Moriko

费利克斯·克劳斯于1956年出生在荷兰的阿姆斯特丹，毕业于代尔夫特大学，现主持克劳斯·安卡建筑所的工作，担任瑞士联邦工科大学苏黎世校区的客座教授。吉良森子于1965年出生在东京，毕业于早稻田大学研究生院理工学部建筑学学科，1990年至1992年在统一建筑设计就职，1992年至1996年在van Berker en Bos（现在为UN studio）工作，主持moriko kira architect的工作，担任阿姆斯特丹市美观委员会委员、神户艺术工科大学客座教授。

松野勉 Matsuno Ben＋相泽久美 Aizawa Kumi

松野勉于1969年出生在东京都，于1994年完成早稻田大学研究生院硕士课程的学业。相泽久美于1969年出生在东京都，1994年毕业于早稻田大学艺术学校。松野勉1996年创立设计事务所生活和住宅会社，相泽久美于1997年参加进这个会社。由于相泽久美从住宅产品的设计到街区规划思想和松野勉存在太多的分歧，所以相泽久美就在自家的府邸开设了“foo”事务所，举办各类讲座、展览会等活动。

长岛孝一 Nagashima Koichi

1936年出生于东京，1961年毕业于早稻田大学理工学部建筑学专业。1964年从哈佛大学研究生院毕业之后，进入道萨亚迪斯工作室工作。1965年进入桢综合规划事务所工作。1976年创立“AUR建筑·城市·研究所”。他的代表作有“石原千奈子纪念体育馆”、“圣科伦会本部”、“KAKUNOMI幼稚园”等，曾荣获“JIA新人奖”、“JIA25年奖”等奖项。

内藤恒方 Naito Tsunekata

1934年出生于京都。1958年毕业于东京艺术大学美术学部建筑学专业，后进入雷蒙德设计事务所工作。1966年在美国加利福尼亚大学伯克利分校研究生院完成学业之后，进入佐佐木·道森·迪美·事务所工作。1969年至1972年，担任纽约州立大学助理教授。1972年至1980年，担任大阪艺术大学助理教授。1976年，建立ALP设计室。1994年担任长冈造型大学教授。2008年，他所完成的“港区立芝公园”被评为第二十三届“城市公园评选会”设计部门奖。

片山和俊 Katayama Kazutoshi

1951年出生。1968年完成东京艺术大学研究生院硕士课程的学业，1981年开设DIK设计室，1987年起担任东京艺术大学美术学部建筑学学科讲师、助理教授，2000年晋升东京艺术大学教授。2009年卸任，并被聘为东京艺术大学名誉教授。主要研究领域为住宅设计，同时指导各地的城镇和景观规划设计工作。其主要作品有“彩之国密林·森林科学馆·宿舍楼”

（1995年日本建筑家协会新人奖）、“山形县金山町的城镇建设”（2002年日本建筑学会奖）等。

黑川哲郎 Kurokawa Tetsuro

1943年出生。在完成了东京艺术大学研究生院硕士课程的学业之后，担任东京艺术大学的名誉教授。1979年推动成立设计联盟。2013年去世。他的主要著作《以当地的材料和技术开发木结构公共建筑的实践》一书荣获2004年日本建筑学会奖，其“上野警察署动物园前派出所”、“大分县县立日田高校体育馆远思巨材馆”等。他的“重箱住宅”的实践进一步发展了“骨架和内部空间”理论，他提倡应当有效地利用日本现有的森林资源，设计出更多的木结构公共设施和木结构住宅。

田中敏溥 Tanaka Toshihiro

1944年出生于新潟县村上市。1969年毕业于东京艺术大学建筑学专业。1971年完成了该大学研究生院建筑学专业的研究生学业之后，和茂木计一郎先生一起从事环境规划和建筑设计活动。1977年创立田中敏溥建筑设计事务所。他除了承接住宅、公共设施的设计工作之外，还担任街区建设的基本规划的委员、室内设计的审查员等社会工作。主要获奖有“东京建筑奖”、“住宅建筑奖”等奖项。代表作品有“永平寺町町立图书馆·四季之森文化馆”、“杉野服饰大学附属图书馆”等。

川岛茂 Kawashima Shigeru + 铃鹿美穗 Suzuka Miho

川岛茂于1965年出生在京都府，1990年毕业于日本大学理工学部建筑学专业，1992年完成该大学研究生院理工学部研究科建筑学博士课程的学业，1992年至1999年在竹中工务店大阪总店设计部工作。铃鹿美穗于1966年出生在神奈川县，1989年毕业于东京家政学院大学，1989年至1990年在石井和紘建筑研究所工作，1990年又进入Archi Brain建筑研究所工作，1991年至1995年在东日本房屋建设公司就职。川岛茂和铃鹿美穗于1999年共同创建川岛铃鹿建设规划公司，共同参与住宅、校舍、美术馆等的设计工作。

山中新太郎 Yamanaka Shintaro

1968年出生于神奈川县镰仓。1992年毕业于日本大学理工学部建筑学专业，1994年完成东京大学研究生院工学系研究科建筑学硕士课程的学业。2000年建立山中新太郎建筑设计事务所。2007年起担任日本大学理工学部建筑学学科的助理教授，2013年担任该大学的准教授。

1999年其“气缸楼”的设计荣获“日本建筑学会北海道分会住宅新人奖”。他除了从事住宅、商店等的建筑设计工作之外，从2008年开始以NPO的区域再开发项目理事的身份，参与区域再开发和城镇建设等社会活动。

河内一泰 Kochi Kazuyasu

1973年出生于千叶县，1998年毕业于东京艺术大学美术学部建筑学专业，2000年完成东京艺术大学研究生院硕士课程的学业，同年进入难波和彦的界工作室工作。2003年创立河内建筑设计事务所。2008年起担任芝浦工业大学、京都精华大学兼职讲师。他的代表作品有“书家的工作室”、“HOUSE kn”、“COLORS”、“阿米达屋”等，曾获得“日本建筑学会作品选集新人奖”等奖项。

后记

虽然我平时经常撰写和建筑相关的文章，但是我一直有一个心愿，就是想以和建筑专业完全不相关的普通人士的视角出发，写出他们对所看到的建筑物的感受。我希望能让更多的人士认识到，建筑物既是如此的有趣，又是那样意味深长。并想从中能进一步地分析日本的建筑、景观、城镇和社会环境之间存在的各种内在关系。

不是仅有专业人士才能对建筑物评头论足。由于建筑物在建造的过程中需要耗费相当的资金，所以需要设计者及时了解投资方的需求。建筑物在建成之后，对于绝大多数人而言，虽然他们并不是建筑领域中的行家里手，但是他们却是使用这些建筑物的最主要人士。因此不能只是让专业人士来理解这座建筑物的真正内涵，而是要让更多的外行人士来品读建筑和欣赏建筑。如果双方具有通畅的沟通渠道，那么建筑就能在整个世界中发挥出更大的作用。

我自己一直每日都思考着如何让建筑在当代世界中发挥更大的作用，经过反复地思考之后，我决定采取 · ·拜访建筑家们的府邸，亲耳聆听他们家人对自己住宅的评价，并在杂志上的开辟专栏并以连载的方式介绍这些建筑家们是如何设计自己的住宅建筑。这是一个十分难得的机会，也是一件非常有意义的事情。

但是动笔写作的时候我才发现，在给读者介绍建筑家自家府邸的住宅建筑时，不可避免地要介绍到建筑家本人，同时还要描述其全家生活的环境氛围，总而言之要涉及很多方面的内容。为什么要建成这样造型的住宅呢？为什么全家人愿意生活在这里呢？在设计时，优先考虑的是建筑还是家庭？无论到访哪位建筑家的府上，头脑中马上就会涌现出类似这样的一系列的问题。我从建筑家们对于建筑和家庭之间的思考犹豫的过程中，探求他们对于家庭生活的认识，好从中发现线索并期望能得到满意的答复。

虽然建筑物无论从哪一个角度而言，都应当属于“物”的范畴。但是从建筑角度而言，其中也包含着如何去深刻认识建筑物本身。音乐在文化的范畴中不仅仅是一个又一个独立的乐曲，而建筑也同样并非是一个又一个孤立的建筑单体。从总体而言，建筑也属于文化的范畴。因此居住在不同建筑物中的人士，每天通过自己的行动，编织着对未来的憧憬。如果仅聚焦建筑的造型来判断一个家庭的性格，难免会出现判断性的错误。我们平时不经意的居住、生活、活动，和每日陪伴的建筑物一起，构成了我们生活的建筑文化的一个组成部分。

只有对生活有了充分地认识，才能够从中去发现住宅建筑中所孕育的建筑文化的深刻内涵。虽然我们能用语言去形象地描述自然的住宅建筑体以及我们对生活的感受，但是只有通过切身的体验才能对其有真正地了解。虽然无论谁的住宅建筑，都不是完全完美的。但是只要留心细致地工作就没有做不好的事情。把握好情绪的开关，需要更加认真细致的作风。作为建筑家也不是特殊的人士，他们是完成建筑物物理单体的设计师。但是对建筑物进行更加细致的体验，则需要靠居住者亲身的实践。要把握好调节心情阀门的开关，就是在日常的细微之处考验设计者的精心和用心。不论哪一个房间、哪一座住宅、哪一栋建筑、哪一个街区，无论身处何处，建筑师都应该能找到调节氛围的开关。难道不是应该这样的吗？

在本书即将完稿的时候，我在此对策划本书的真壁智治先生、拍摄照片的野寺治孝先生，以及文化出版局的冈崎成美女士、佐藤雅子女士，X-knowledge（即：建筑知识杂志）的三轮浩之先生、平面设计的古本正义先生等，以及在背后一直支持我的家人和广大读者一并表示感谢，再一次从心底里感谢你们。

田中元子

2014年6月

田中元子　Tanaka Motoko

建筑的普及者和撰稿人。1975年出生于茨城县。高中毕业之后，她曾经从事过多种的职业，后来在阅读了西班牙的建筑家坎波・巴埃萨的作品集之后，对建筑产生了极为浓厚的兴趣。为此她曾经和建筑领域的各方人士进行过广泛地交流，并自学了建筑学的相关知识。2000年她应聘作为 “同润会青山公寓”保护再开发项目“DO+”的一个主持人。她曾经在英国伦敦生活过一年，她和他人共同创立了mosaki，并开展过“普通人和建筑、建筑世界的链接”等主题活动。从2010年开始，她组织参加了“建筑体操”的活动，即帮助人们通过锻炼身体来了解建筑。这项活动在2013年荣获日本建筑学会教育奖（教育贡献）。2014年她创刊了杂志《awesome！（即：令人敬畏）》。主要连载《mosaki活动巡礼》（日经架构出版）。她作为主要撰稿人撰写了关于建筑家的《吃、睡、住的地方》（平凡社出版）系列连环画的文字解说词。她不仅作为职业撰稿人，同时还担任过主持、制片、活动策划等多方面的社会工作。

http://mosaki.com

野寺治孝　Nodera Harutaka

摄影家。1958年出生于千叶县浦安市。毕业于当地高中的设计专业和日活TV电影艺术学院。1978开始真正从事摄影工作，1979年参加了当地的业余摄影俱乐部“集团剑”。他之后还从事过广告设计工作，1984年他将自己所拍摄的纽约摄影作品自费制成明信片出售，并开始其作为专业摄影家的职业生涯。1991年他创立了“Slowhand・野寺治孝摄影事务所”，开始发表他所拍摄到的国内外不同地区独特风貌的摄影作品。他所出版的主要摄影集有《TOKYO BAY》、《归乡》、《何时为晴日（文字：石井缘）》、《结婚之前（文字：坂之上洋子）》、《boat》等。

http://www.nodera.jp

陈 浩

任职于北京联合大学管理学院，长期从事教学和管理工作。翻译并出版著作多部，其中作为副主编参加编写的《墙面装饰工程施工技术》一书被列为教育部“十一五”规划教材，并被教育部评为国家级精品教材。

庄东帆

任职于机械工业档案馆，长期从事科研和管理工作。曾翻译出版了《空间要素——世界的建筑·都市的设计》（中国建筑工业出版社，2009年出版）一书。

著作权合同登记图字：01-2017-0767号

图书在版编目（CIP）数据

建筑师的家 /（日）田中元子 著；（日）野寺治孝 摄影；陈浩，庄东帆 译．
北京：中国建筑工业出版社，2017.6
ISBN 978-7-112-20670-4

Ⅰ．①建… Ⅱ．①田… ②野… ③陈… ④庄… Ⅲ．①住宅－建筑设计－作品集－日本－现代②住宅－室内装饰设计－作品集－日本－现代 Ⅳ．①TU241

中国版本图书馆 CIP 数据核字(2017)第 080064 号

责任编辑 刘文昕 张鹏伟
书籍设计 瀚清堂 贺 伟 张悟静
责任校对 王宇枢 焦 乐

建筑师的家
［日］田中元子 著 /［日］野寺治孝 摄影 / 陈浩 庄东帆 译

中国建筑工业出版社出版、发行（北京海淀三里河路9号）
各地新华书店、建筑书店经销
南京瀚清堂设计有限公司制版
北京顺诚彩色印刷有限公司印刷

开本：787×1092 毫米 1/32 印张：7⅝ 字数：195千字
2017年11月第一版 2017年11月第一次印刷
定价：49.00元
ISBN 978-7-112-20670-4
（27478）